# Arnold Hanslmeier
# Gefahr von der Sonne

1999/08/05 18:18

1999/08/05 19:42

1999/08/05 21:18

1999/08/06 00:42

1999/08/06 00:42

1999/08/06 02:42

Prof. Dr. Arnold Hanslmeier

# Gefahr von der Sonne

Satellitenabstürze

Zusammenbruch von
Strom- und Funknetzen

Klimaveränderungen

Gesundheitsgefährdung

# Inhaltsverzeichnis

### Die Sonne,
#### ein Stern unter 100 Milliarden Sternen    6

Eine Reise durch die Milchstraße    7
Wir messen die Entfernung der Sterne    9
Unsere Milchstraße im Universum    12
Aussehen und Dimensionen unserer Galaxie    13
Entstehung der Sonne und anderer Sterne    15
Planetensysteme    18
Sind wir allein im Universum?    21

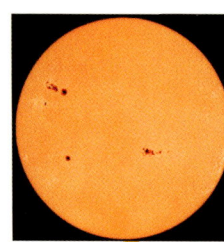

### Sonnenaktivität    38

Sonnenflecken – Magnetfelder auf der Sonne    39
Brodelnde Sonnenoberfläche – die Granulation    44
Helle Flecken und Sonnenfackeln    46
Nach außen wird es heiß: Chromosphäre und Korona    47
Sonnenaktivität im 11-Jahres-Rhythmus    51
Die Radiosonne    52
Hinter allem: das Magnetfeld    54

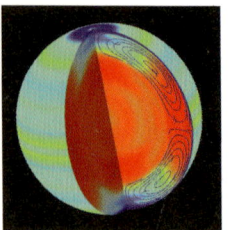

### Aufbau der Sonne –
#### Anatomie eines Sternes    22

Entfernung der Sonne    23
Die Masse der Sonne    27
Wie groß ist die Sonne?    28
Wie heiß ist es auf der Sonne?    29
Die Sonne im Vergleich zu anderen Sternen    31
Woher nimmt die Sonne ihre Energie?    33
Beobachtung des Sonneninneren    36

### Sonne und Erdklima –
#### ein Zusammenhang?    58

Flecken und die Eiszeit    59
Die Sonnenaktivität in der Vergangenheit    61
Erdklima und Erdatmosphäre    65
Ursachen für Klimaänderungen    69
Der Treibhauseffekt – droht die Klimakatastrophe?    71
Bestimmt die Sonne unser Wetter?    74

*Inhaltsverzeichnis*

## Weltraumwetter 78

Das Magnetfeld
der Erde 79
Die Magneto-
sphäre der Erde 81
Die Sonne stört den
Funkverkehr 82
Die 10-cm-Radiostrahlung
der Sonne 85
Space Weather: Einflüsse
auf die Weltraumfahrt 85
Der Mensch im Weltraum 91
Tod im All durch die
Sonne? 93
Gefahr für Elekrizitätsversor-
gungslinien und Pipelines 94
Space-Weather-
Vorhersagemodelle 96

## Die Sonne beobachten 114

Einfache
Beobachtungs-
geräte 115
Eigene Sonnen-
beobachtungen 118
Spezielle Instrumente zur
Sonnenbeobachtung 121
Moderne Sonnen-
teleskope 122
Satelliten überwachen
die Sonne 122

Literatur 124
Stichwortverzeichnis 125

## Zukunft der Sonne 102

Die gegenwärtige
Sonne 103
Kurzes Jugend-
stadium 103
Dramatische
Änderungen am Ende der
Entwicklung 104
Rückkehr zum Nebelsta-
dium: planetarische Nebel 107
Sternhaufen und die
Entwicklung der Sterne 110
Sternleichen 112

# Die Sonne
## ein Stern unter 100 Milliarden Sternen

Galaxie M31, der Andromedanebel. Dies ist die uns nächste Galaxie in der Entfernung von etwa 2,5 Millionen Lichtjahren.

*Unsere Sonne ist der Stern, den wir zum Leben benötigen. Was ist eigentlich ein Stern bzw. wo ist der Platz unserer Sonne? Wir werden in diesem Kapitel diese Frage behandeln. Dies wird gleichzeitig eine Reise durch unsere Muttergalaxie, die Milchstraße werden. Weiterhin werden wir sehen, dass es Millionen von Sternsystemen wie unsere Milchstraße gibt.*

## Eine Reise durch die Milchstraße

Unsere engere Heimat in der Milchstraße ist das Sonnensystem. Die Sonne ist der Zentralkörper dieses Systems. Welche Himmelskörper gehören dem Sonnensystem an? Es umfasst im Wesentlichen die 9 großen Planeten (Merkur, Venus, Erde, Mars, Jupiter, Saturn, Uranus, Neptun und Pluto) mit ihren Monden, kleinen Planeten (etwa 8000 sind derzeit bekannt) sowie Kometen und Meteoren.

Um sich eine Vorstellung von der Größe des Sonnensystems zu machen, betrachten wir die Wegstrecken, die das Licht zu den einzelnen Objekten zurücklegt: Von der Erde zum Mond benötigt das Licht nur 1 Sekunde, das heißt ein von der Erde zum Mond geschossener Laserblitz trifft nach seiner Reflexion am Mond etwa 2 Sekunden später wieder auf der Erde ein. Zur Sonne benötigt das Licht aber schon mehr als 8 Minuten. Würde man daher die Sonne jetzt abschalten, dann würde man das auf der Erde erst nach 8 Minuten bemerken. Zum sonnenfernsten Planeten Pluto benötigt ein von der Sonne ausgestrahlter Lichtstrahl hingegen schon 5 Stunden! Wie wir aus der Physik wissen, beträgt die Ausbreitungsgeschwindigkeit des Lichtes 300 000 km/s und aus obigen Angaben kann man sofort die tatsächlichen Entfernungen berechnen.

Die Bedeutung unserer Sonne im Sonnensystem wird klar, wenn man sich die Massen ansieht:

| Massen im Sonnensystem | |
|---|---:|
| Sonne | 333 000 Erdmassen |
| Alle Planeten | 447 Erdmassen |
| Jupiter (größter Planet) | 300 Erdmassen |
| Alle Planetenmonde | 0,12 Erdmassen |
| Pluto (kleinster Planet) | 0,002 Erdmassen |

Die Tabelle oben zeigt, unsere Sonne ist der dominierende Himmelskörper im Sonnensystem. Doch bevor wir genauer auf die Zustandsgrößen der Sonne wie Radius, Masse, Temperatur eingehen, wollen wir die Frage klären, wo sich denn eigentlich unser Sonnensystem befindet.

Ein Blick in einer mondlosen Nacht (besonders am Sommerabendhimmel) zeigt uns ein sich von Nord nach Süd erstreckendes zartschimmerndes Band, die Milchstraße (aus dem Griechischen die Bezeichnung Galaxis). In der griechischen Mythologie glaubte man nämlich, dass die Milchstraße durch die am Himmel verspritzte Muttermilch der Göttergattin Hera entstanden sei, an der der Knabe

# Die Sonne, ein Stern unter 100 Milliarden Sternen

Die etwa 60 Millionen Lichtjahre entfernte Spiralgalaxie NGC 4414. Junge Sterne befinden sich vorwiegend in den äußeren Bereichen, daher erscheinen diese blauer als die Kernregionen. So würde auch unsere Milchstraße aussehen, wenn man sie von einer fernen Galaxie aus betrachtet.

Herakles säugte (»Gala« bedeutet Milch, »Galaxias« Band der Milch).

Im Altertum interessierte man sich kaum für die Milchstraße, und erst ab Beginn der Fernrohrbeobachtungen (Galileo Galilei richtete als erster Astronom um 1610 ein Fernrohr auf den Himmel) erkannte man, dass sie aus unzähligen Einzelsternen besteht. Diese Ansicht hat bereits der um 460 v. Chr. lebende griechische Philosoph Demokrit geäußert, ohne dafür jedoch stichhaltige Beweise zu haben.

Versuchen Sie einmal mit einem Feldstecher in die Milchstraße zu blicken. Sie werden erkennen, dass sich das zartschimmernde Band in viele Sterne auflöst. Unsere Milchstraße ist also eine Ansammlung von unzähligen Sternen. Aber was hat dies mit unserer Sonne zu tun? Gehört unsere Sonne, das Sonnensystem und damit letztendlich wir zu dieser Galaxie und wenn ja, wo befinden wir uns? Dazu eine Anmerkung: Wenn unsere Sonne und damit das Sonnensystem tatsächlich ein Bestandteil der Galaxis sind, dann ist dies schwierig zu bestimmen, da wir uns dann ja inmitten der Galaxis befinden müssen und wir sie nicht einfach von außen her beobachten können.

Informationen über den Aufbau der Galaxis bekommt man am einfachsten durch Sternzählungen. Dort wo mehr Sterne sind, muss sich das Zentrum befinden. Die Konzentration der Sterne nimmt deutlich zum Sternbild des Schützen (lat. Sagittarius) zu. Daher ist in dieser Richtung das Zentrum der Galaxis zu vermuten. Es sei allerdings bemerkt, dass man das eigentliche Zentrum der Galaxis im sichtbaren Licht nicht sehen kann, da es dort sehr viele Dunkelwolken gibt, die das Licht dahinter gelegener Sterne absorbieren. Derartige Dunkelwolken kann man ohne weiteres mit freiem Auge erkennen; es gibt Stellen im Milchstraßenband, wo praktisch fast keine Sterne zu sehen sind. Hier handelt es sich also um riesige Dunkelwolken, die, wie wir sehen werden, für die Entstehung der Sterne von Bedeutung sind.

Aus einer weiteren Analyse der Sternzählungen folgt auch, dass wir etwa $1/3$ der Ausdehnung der Milchstraße von derem Zentrum entfernt sind.

## Wir messen die Entfernung der Sterne

Genauere Auskunft über die Dimensionen des Systems bekommt man nur durch Entfernungsmessungen und wir gehen daher kurz auf Methoden der Entfernungsbestimmungen von Sternen ein. Eigentlich ist dies ja das große Problem der Astronomie, der Wissenschaft, die sich mit der Erforschung des Aufbaus und der Entwicklung der Sterne und des Universums beschäftigt. Die Astronomen können, im Gegensatz zu allen anderen Naturwissenschaftsdisziplinen wie Physik oder Chemie, nicht einfach mit ihren Objekten experimentieren, also z.B. zu weit entfernten Sternen reisen, um sie zu erforschen, sondern müssen alle physikalischen Eigenschaften wie Temperatur, Masse, chemische Zusammensetzung usw. aus deren Licht (Strahlung) erforschen. Wie kann man also die Entfernung eines Sternes bestimmen?

Man geht dabei vom Prinzip der Parallaxe aus: Blickt man auf ein entferntes Objekt von zwei verschiedenen Positionen aus, dann scheint sich dieses gegenüber noch weiter entfernten Objekten zu bewegen. Strecken Sie z.B. Ihren Daumen aus und betrachten Sie ihn abwechselnd mit dem linken und rechten Auge, also aus zwei verschiedenen Positionen, so sehen Sie, wie dieser vor dem Hintergrund – dem noch weiter entfernten Objekt – hin und her springt.

Welche Basis können wir in der Astronomie verwenden? Wir wissen, dass die Erde in einem Jahr die Sonne umläuft und können daher den Winkel bestimmen, den ein zu messender Stern an zwei unterschiedlichen Positionen der Erde auf ihrer Bahn einnimmt. Der Durchmesser der Erdbahn beträgt etwa 300 Millionen km und dies dient als Basis für Parallaxenmessungen. Doch erst vor 150 Jahren ist es gelungen, diese extrem kleinen Winkel zu messen (weniger als 1 Bogensekunde = 1″ = 1/3600 Grad). Aus diesen Messungen folgte, dass der nächste Stern mehr als 300000- mal so weit von uns entfernt ist wie die Sonne.

**Die Entfernung des nächsten Sterns ist 300 000-mal größer als die Entfernung Erde – Sonne. Deshalb erscheinen die Sterne auch in den größten Teleskopen immer nur punktförmig.**

Auf Grund der hohen erforderlichen Messgenauigkeit kann man mit dieser Methode die Entfernungen nur für wenige 1000 Sterne messen (neuerdings, um Störungen der Beobachtungen durch die Erdatmosphäre auszuschalten, verwendet man auch Satellitenmessungen).

Zum Glück hat man noch andere Methoden. Es gibt Sterne, deren wahre Helligkeit man kennt, und aus dem Vergleich mit ihrer scheinbaren Helligkeit am Himmel, die ja von deren Entfernung abhängt, kann man letztere berechnen. Es gibt Sterne, die ihre Helligkeit periodisch ändern. Bei den Cepheiden-Veränderlichen erfolgt ein solcher Helligkeitswechsel, wobei es einen Zusammenhang zwischen der Periode dieses Helligkeitswechsels und deren wahrer Helligkeit gibt. Da diese Sterne sehr hell sind, kann man sie sogar noch in anderen Galaxien sehen und so deren Entfernungen bestimmen.

Nun steht aber bereits in der Überschrift dieses 1. Kapitels, dass die Milchstraße etwa 100 Milliarden Sterne enthält. Kann man dies berechnen?

Stellen Sie sich auf eine Waage. Sie zeigt Ihr Gewicht an. Die Erde zieht Sie an, und das ist Ihr Gewicht auf der Erde. Auf dem kleineren Mond würden Sie nur $1/6$ des Gewichtes auf der Erde wiegen. Massen ziehen also einander an. Die Sonne zieht die Erde an, ebenfalls die Erde die Sonne. Die Masse der Sonne ist aber 300 000-mal so groß wie die Masse der Erde; damit die Erde nicht in die Sonne stürzt, umläuft sie diese in einem Jahr. Dadurch bekommt die Erde eine nach außen gerichtete Zentrifugalkraft, die wir alle kennen, wenn wir mit einem Auto zu schnell in die Kurve fahren. Ist die Anziehungskraft der Sonne gleich dieser Zentrifugalkraft, dann hat man eine stabile Bahn der Erde. Ähnliches gilt für die Bewegung des Mondes um die Erde bzw. der anderen Planeten um die Sonne.

Alle Sterne haben gewaltige Massen (z.B. unsere Sonne etwa 333 000 Erdmassen) und üben so aufeinander eine Schwerkraftanziehung aus. Würden nun alle Sterne der Galaxis stillstehen, dann würde das System in sich zusammenfallen. Denken wir nochmals an die Bewegung der Planeten im Sonnensystem um die Sonne herum: Durch diese Bewegung erhalten die Planeten eine entgegengesetzt zur Sonnenanziehung gerichtete Zentrifugalbeschleunigung und daher gibt es stabile Planetenbahnen. Analog gilt dies auch für die Galaxis: Alle Sterne einschließ-

*Die Cepheiden-Veränderlichen sind »Standardkerzen« im Universum. Aus ihrer Periode des Helligkeitswechsels folgt ihre wahre Helligkeit und durch Vergleich mit der scheinbaren Helligkeit deren Entfernung.*

Blick zum galaktischen Zentrum, welches im sichtbaren Licht leider durch Dunkelwolken verborgen bleibt. Die Pixelung entsteht durch die starke Vergrößerung.

lich der Sonne umkreisen das Zentrum der Galaxis und nur durch diese Bewegung kann unsere Milchstraße ein über Jahrmilliarden hindurch stabiles System sein. Unsere Sonne benötigt zu einem Umlauf um das Milchstraßenzentrum etwa 250 Millionen Jahre (dies nennt man auch platonisches Jahr). Zur Zeit der ersten Dinosaurier befanden wir uns daher auf der anderen Seite der Milchstraße.

Genau diese Bewegung der Sterne um das Zentrum der Galaxis kann man dazu verwenden, um abzuschätzen, wie viele Sterne in der Galaxis vorhanden sind. Abzählen der Sterne wäre etwas langwierig, man bedenke: Wenn man wirklich pro Sekunde einen Stern zählt, können pro Jahr nur etwa 30 Millionen Sterne gezählt werden, und um 100 Milliarden Sterne abzuzählen, müsste man etwa 3000 Jahre lang zählen.

Für die Entfernung der Sonne zum galaktischen Zentrum genügt es, die Entfernung der Sonne zu den Sternen zu bestimmen, die sich in der Nähe des galaktischen Zentrums befinden. Aus diesen Messungen ergibt sich, dass unsere Sonne etwa 26 000 Lichtjahre vom Zentrum der Milchstraße entfernt ist. Ein von einem intelligenten Lebewesen im Zentrum der Galaxis ausgestrahltes, zur Erde gerichtetes Radiosignal, erreicht uns also erst nach 26 000 Jahren und wenn wir sofort antworten, bekommt unser

**Panoramabild unserer Galaxie vom Satelliten COBE aus gesehen.**

## Unsere Milchstraße im Universum

Stellen Sie sich vor, ein Luftballon, auf dem Punkte markiert sind, wird aufgeblasen. Wenn man während des Aufblasens einzelne Punkte beobachtet, sieht man, dass sich alle voneinander entfernen. Aus der Geschwindigkeit, mit der sich die Punkte voneinander entfernen kann man rückrechnen, wann das Aufblasen des Ballons begann.

Kollege nach 52 000 Jahren endlich die Antwort.

Es bleibt noch die Bestimmung der Geschwindigkeit der Sonne um das galaktische Zentrum. Diese können wir durch Verschiebungen der Sterne am Himmel ermitteln, deren so genannte Eigenbewegungen. Ein Stern, der weiter vom Zentrum entfernt ist, bewegt sich langsamer um das Zentrum als die Sonne, d.h. die Sonne wird ihn überholen. Ein Stern, der sich aber näher beim Zentrum befindet als unsere Sonne, wird der Sonne vorauseilen. Aus diesen Messungen ergibt sich, dass unsere Sonne zu einem Umlauf eben etwa 250 Millionen Jahre benötigt und pro Sekunde etwa 220 km zurücklegt.

Durch weitere Berechnungen bekommen wir dann für die Masse unseres Milchstraßensystems 100 Milliarden Sonnenmassen. Dabei ist zu beachten: 1 Lichtjahr (Lj) = 10 Billionen km also $10^{16}$ m, die Masse der Sonne beträgt $10^{30}$ kg.

Was hat dieses Modell mit unserem Universum zu tun? In unserem Universum bewegen sich alle Galaxien von uns weg. Dies bedeutet aber nicht, dass wir im Mittelpunkt leben – denken Sie an die Punkte des aufgeblasenen Luftballons, die sich alle voneinander weg bewegen. Da sich das Universum gegenwärtig ausdehnt (alle Galaxien entfernen sich von uns), kann man aus dieser Ausdehnungsrate rückrechnen, wann die Ausdehnung begonnen haben muss und bekommt einen Wert zwischen 12 und 20 Milliarden Jahren. So alt ist also das Universum. Die Entstehung des Universums aus einem winzigen Punkt extrem hoher Energie bezeichnet man als Urknall (engl. »Big Bang«).

Der Satellit COBE (**C**osmic **B**ackground **E**xplorer) wurde von der NASA im Jahre 1989 in eine Erdumlaufbahn geschickt, um die aus der Zeit des Urknalls stammende Hintergrundstrahlung zu messen. Die Hintergrundstrahlung ist ein Überbleibsel dieses heißen Anfangszustandes. Mit Hilfe von COBE konnte auch genau die Infrarotstrahlung im extrem Infrarotbereich gemessen werden, die sonst auf Grund der Absorption in der Erdatmosphäre vom Erdboben aus nicht zugänglich ist.

Das sichtbare Licht ist ja nur ein kleiner Teil der gesamten elektromagnetischen Strahlung, die sich von den Gamma- und Röntgenstrahlen über UV, sichtbares Licht und Infrarot bis hin zu den Radiowellen erstreckt. Röntgenstrahlen und Radiowellen unterscheiden sich nur in Bezug auf die Wellenlänge, Röntgenstrahlen sind extrem kurzwellig, Radiowellen langwellig. Nur im Bereich des sichtbaren Lichtes und im Radiobereich lässt die Erdatmosphäre Strahlung durch.

Die Abbildung auf der linken Seite ist eine derartige Infrarot-Aufnahme unserer Milchstraße, auf der man auch das Zentrum (die Verdickung) gut erkennen kann.

## Aussehen und Dimensionen unserer Galaxie

Wie man aus der Abbildung links erkennt, sieht die Galaxie von der Seite wie eine Scheibe aus, die eine Ausdehnung von etwa 100 000 Lichtjahren hat, das Licht benötigt also 100 000 Jahre um von einem Ende zum anderen Ende dieser Scheibe zu gelangen. In der Astronomie werden Entfernungsangaben meist in Parsec gemacht, wobei 1 Parsec (pc) 3,26 Lichtjahren entspricht. Ein Stern befindet sich in einer Entfernung von 1 pc wenn von ihm aus gesehen der Radius der Erdbahn 1" beträgt (das ist die 206265fache Entfernung Erde-Sonne). Somit bekommen wir folgende Daten über die Dimensionen der Galaxis:

| | |
|---|---|
| *Durchmesser in der Ebene* | *34 kpc* |
| *Dicke des Kerns senkrecht zur Ebene* | *5 kpc* |
| *Dicke der Scheibe senkrecht zur Ebene* | *1 kpc* |
| *Abstand der Sonne vom Zentrum* | *8,5 kpc* |
| *Abstand der Sonne von der Milchstraßenebene* | *14 pc nördlich* |
| *(1 kpc = 1 Kiloparsec = 1000 Parsec)* | |

Von oben gesehen sieht unsere Galaxis wie eine Spirale aus. Sie ist umgeben vom so genannten Halo.

Das sind kugelförmig angeordnete Sternhaufen. Der Durchmesser dieses Halos liegt bei 50 kpc. Man nimmt an, dass es etwa 300 Kugelhaufen im Halobereich gibt. Jeder dieser Kugelhaufen enthält mehrere 10 000 Sterne.

Unsere Milchstraße hat 2 Begleiter, so genannte Zwerggalaxien, die man allerdings nur am südlichen Sternenhimmel sehen kann: die Große und die Kleine Magellansche Wolke, wobei die große Magellansche Wolke 64 kpc entfernt ist, die kleine etwa 72 kpc.

Wieviel Galaxien gibt es nun? Abschätzungen sprechen von 100 Millionen Galaxien, wobei unsere nächsten Nachbarn der Andromedanebel M31 in einer Entfernung von 830 kpc bzw. der Nebel M33 in einer Entfernung von 790 kpc sind. Jede dieser Galaxien enthält an die 100 Milliarden Sterne. Unsere Milchstraße sowie die Andromedagalaxie gehören zur Gruppe der Spiralnebel. Daneben gibt es auch elliptische Systeme und völlig unregelmäßig geformte Systeme (wie z.B. die Magellanschen Wolken).

Um die gewaltigen Dimensionen unserer Milchstraße anschaulich zu erfassen, betrachten wir ein Modell. Wir haben bereits gehört: Entfernungsangaben in der Milchstraße macht man in kpc (das sind etwa 3000 Lichtjahre). Wie vielen Metern entspricht eigentlich 1 kpc?

1 kpc = 1000 pc = 1000 x 3,26 Lj = 1000 x 3,26 x $10^{16}$ m = 3,26 x $10^{19}$ m = 32 600 000 000 000 000 000 m.

In unserem Modell sei nun 1 kpc gleich 1 m. Stellen wir uns unsere Galaxis in einem großen Turnsaal vor: Sie wäre dann 34 m lang und in der Scheibe nur 1 m dick bzw. im Kernbereich 5 m. Unsere Sonne wäre 8,5 m vom Zentrum entfernt und 1,4 cm nördlich der Ebene gelegen. Außerhalb des Turnsaales in einer Entfernung von etwa 70 m haben wir die beiden Magellanschen Wolken und in einer Entfernung von 800 m etwa die nächste Galaxie, den Andromedanebel. Dieses Modell gibt also recht anschaulich die Dimensionen der Milchstraße wieder; allerdings – wie groß wäre hier ein Stern wie die Sonne? Rechnen wir mit runden Zahlen: Unsere Sonne hat einen Durchmesser von 1 400 000 000 m = 1,4 x $10^9$ m. In diesem Modell wäre also unsere Sonne kleiner als ein Atom, nämlich etwa $10^{-10}$ m!

Daraus geht bereits hervor, dass die Abstände zwischen den Sternen groß sein müssen im Vergleich zu den Größen der Sterne. Man kann sich dies noch durch folgende Überlegung verdeutlichen. Neh-

*Wir stellen also fest: Unsere Sonne ist einer von mehr als 100 Milliarden Sternen unserer Milchstraße, und es gibt wiederum etwa 100 Millionen weitere Galaxien.*

men wir an, ein Stern wäre so groß wie ein Kirschkern. Dann befindet sich der nächste Stern in einer Entfernung von etwa 700 km, grob gesagt entspricht dies 1 Kirschkern in jeder europäischen Hauptstadt!

## Entstehung der Sonne und anderer Sterne

Aus geologischen Untersuchungen weiß man, dass sich das Klima auf der Erde während etwa 3–4 Milliarden Jahren nicht wesentlich geändert hat. Ansonsten wäre auch die Entstehung des Lebens auf der Erde unmöglich gewesen. Die ältesten Gesteine auf der Erde sind etwa 4 Milliarden Jahre alt. Unsere Sonne muss also mindestens ebenso alt sein. Wenn unsere Sonne ein normaler Stern ist, so kann man erahnen, dass sich die Entwicklung der Sterne nur sehr langsam vollzieht und sich während eines Menschenlebens von 80 Jahren praktisch nicht ändert. Wie kann man also die Entstehung unserer Sonne nachvollziehen?

Betrachten wir zunächst unser Planetensystem. Alle 9 großen Planeten umkreisen die Sonne im selben Drehsinn wie sich die Sonne um die eigene Achse dreht. Weiterhin liegen die Bahnebenen aller 9 Planeten ziemlich koplanar, also in einer Ebene (Merkur und Pluto sind hier Ausnahmen). Will man daher die Bildung der Sonne bzw. des Sonnensystems verstehen, muss man diese Beobachtungsbefunde beachten.

In unserer Galaxis gibt es nicht nur Sterne, sondern auch wunderschön leuchtende Gas- und Staubnebel. Man bezeichnet allgemein die Materie zwischen den Sternen als interstellare Materie. Die Dichte dieser interstellaren Materie ist extrem gering, etwa 1 Gaspartikel pro $cm^3$ bzw. ein Staubkorn von weniger als 0,001 mm Durchmesser pro 50 $m^3$. Diese Materie kann entweder als leuchtender Gas- und

Der Orionnebel. In diesem Gasnebel im Sternbild Orion findet auch heute noch Sternentstehung statt.

Bestes von der Erde aus erhältliches Bild des Gasnebels M20. Der eingezeichnete Ausschnitt ist auf der rechten Seite wiedergegeben als Aufnahme des Hubble-Space-Teleskops.

Staubnebel in Erscheinung treten, wenn sich in ihrer Nähe ein heller Stern befindet, der das Gas zum Leuchten anregt, oder sich durch so genannte interstellare Absorptionslinien bemerkbar machen.

Nehmen wir nun eine typische interstellare Gaswolke: Sie enthalte $10^3$ Sonnenmassen, die Temperatur sei T = 50 K = –223 °C und die Dichte $10^{-20}$ kg/m³. Eine solche Wolke kann in sich zusammenfallen und einen Stern bilden. Ein Kollaps zu einem Stern ist dann möglich, wenn die Gravitation stärker ist als der innere Druck. Der innere Druck rührt von der Bewegung der Gasteilchen her und ist gegeben durch die Temperatur, die dort herrscht. Dies nennt man das Jeans Kriterium für den Kollaps einer Gaswolke.

Dieses Kriterium besagt, nur große Gaswolken können instabil werden. Aus der Theorie des Sternaufbaus weiß man andererseits, dass es keine Sterne mit mehr als 100 Sonnenmassen geben kann. Die meisten Sterne haben ähnliche Massen wie unsere Sonne. Um also einen Stern wie unsere Sonne aus einer Gaswolke mit mehr als 1000 Sonnenmassen entstehen zu lassen, ist es notwendig, dass diese Gaswolke in weitere kleinere Wolken zerfällt, jedes dieser Fragmente wieder usw. bis sich schließlich Sterne »vernünftiger« Masse bilden.

Damit eine Gaswolke überhaupt gravitationsinstabil wird, kann auch eine Störung von außen erfolgen: eine Schockwelle auf Grund einer nahen Supernovaexplosion (bei der ein Stern in sich zusammenfällt und die äußeren Hüllen abgeschleudert werden), starke Magnetfelder in der Galaxis usw.

Wie lange dauert es, bis sich aus einer derartigen Gaswolke ein Stern bildet? Für eine typische Wolke liegt diese Zeit in der Größenordnung von etwa 10 Millionen Jahren. Um also Gebiete in unserer Galaxis zu suchen, in denen Sterne entstehen, muss man sich die leuchtenden Gasnebel genauer ansehen, und tatsächlich findet man

*Entstehung der Sonne*

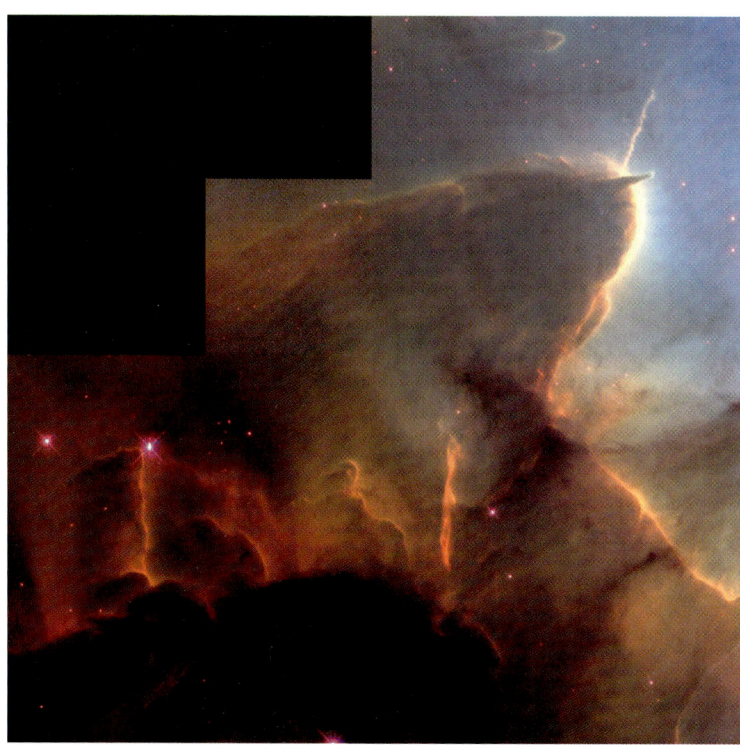

**Detailaufnahme von M20 mit dem Hubble-Space-Teleskop.**

in diesen sehr junge leuchtkräftige Sterne.

Wie erläutert, befinden wir uns in einer Spiralgalaxie. In einem solchen System findet man junge Sterne und interstellare Materie vorwiegend in den Spiralarmen, die deshalb so hell leuchten. Die Spiralarme bestehen aber nicht immer aus derselben Materie, sondern durch so genannte Dichtewellen kommt laufend neue Materie hinzu und die Spiralarme sind quasi die Staustellen, in denen sich die interstellare Materie verdichtet und zur Sternbildung angeregt wird. Die ältesten Sterne findet man in den Kugelsternhaufen, die in einem Halo die Galaxis umgeben und an der Rotation der Sterne um das Zentrum nicht teilnehmen. Die Sterne dort können älter als 10 Milliarden Jahre sein.

Die Galaxien selbst sind nicht regellos im Universum verteilt, sondern befinden sich in Galaxien-

*Die Sonne, ein Stern unter 100 Milliarden Sternen*

Wir halten also fest: Sterne entstehen durch einen Gravitationskollaps aus interstellarer Materie. Sie entstehen durch Fragmentation einer großen Wolke, das heißt Sterne entstehen immer in Gruppen, so genannten Sternhaufen.

haufen. Unsere Milchstraße gehört mit der Andromedagalaxie und einigen weiteren kleinen Galaxien zur so genannten Lokalen Gruppe. Es gibt Galaxienhaufen mit mehreren 1000 Mitgliedern, z.B. der Virgohaufen. Die Galaxienhaufen werden durch die gegenseitige Anziehung der Galaxien alleine nicht zusammengehalten und man nimmt daher an, dass es dunkle Materie gibt. Dies könnten beispielsweise Sterne sein, die auf Grund ihrer zu geringen Masse niemals zum Leuchten gekommen sind oder auch schwarze Löcher, Endstadien der Sternentwicklung, in denen auf Grund der starken Anziehung nicht einmal Lichtstrahlen den »Stern« verlassen können und der daher vollkommen dunkel erscheint.

## Planetensysteme

Damit wäre ganz grob das Bild der Entstehung eines Sternes skizziert, allerdings gibt es hier einige Probleme. Drehimpulsproblem und Magnetfeldproblem: Durch die Kontraktion rotiert die Wolke immer schneller, ähnlich wie sich eine Eiskunstläuferin bei einer Pirouette durch Anziehen der Arme immer schneller dreht. Tatsächlich beobachtet man bei jungen Sternen hohe Rotationsraten. Der meiste Drehimpuls der sich zusammenziehenden Sonnenwolke wurde auf die Planeten übertragen. Auch durch das Magnetfeld erfolgte eine Abbremsung der Sonnenrotation.

In diesem Abschnitt fragen wir nun, ob es außerhalb unseres eigenen Planetensystems noch andere, so genannte extrasolare Planetensysteme gibt.

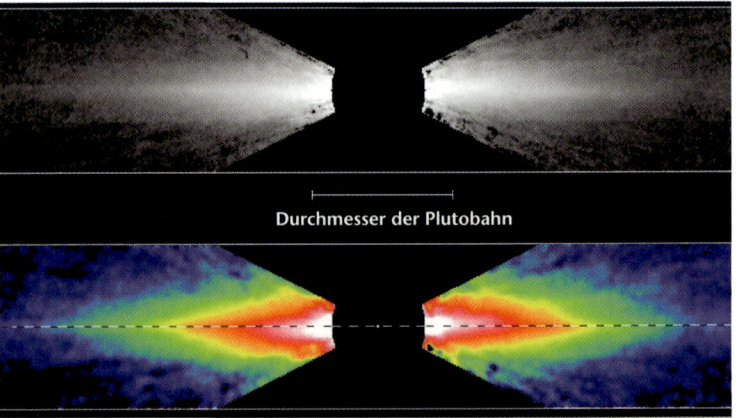

Bildung eines Planetensystems um den Stern Beta Pictoris. Der helle Stern wurde durch eine künstliche Scheibe abgedeckt und man erkennt in der Äquatorebene des Sterns eine Staubscheibe, aus der sich Planeten bilden werden. In der unteren Teilabbildung wurden die Helligkeitsunterschiede durch Farbkodierung deutlicher sichtbar gemacht.

18

*Planetensysteme*

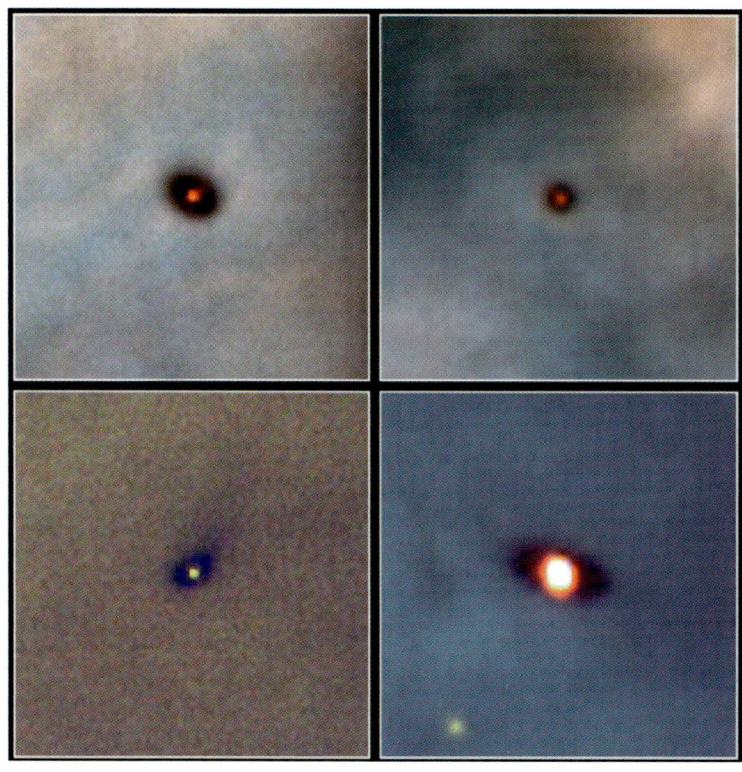

Bildung so genannter protoplanetarer Scheiben im Orionnebel, aus denen sich Planetensysteme entwickeln.

Man kennt heute etwa 17 Beispiele von Planetensystemen, wobei deren Entdeckung äußerst kompliziert ist. Planeten leuchten nämlich nicht selbst, sondern werden von ihrer Sonne angestrahlt. Sie sind also extrem lichtschwach. Dazu kommt noch, dass sie sich in der Nähe eines Sternes befinden müssen, der sehr hell strahlt, und deshalb ist ihre Entdeckung sehr schwierig. Eine Möglichkeit extrasolare Planeten aufzuspüren besteht darin, dass man die Eigenbewegungen eines Sternes nach irgendwelchen periodischen Unregelmäßigkeiten untersucht. Dies erfordert lange Beobachtungszeiten über mehrere Jahre sowie äußerst präzise Messungen. Extrasolare Planeten machen sich auch durch verstärkte Strahlung im Infrarotbereich bemerkbar. Sieht man daher im Spektrum eines normalen Sternes verstärkte IR-Strahlung, so wäre

Der Stern Y Andromedea, 10 Grad östlich des Andromedanebels gelegen.

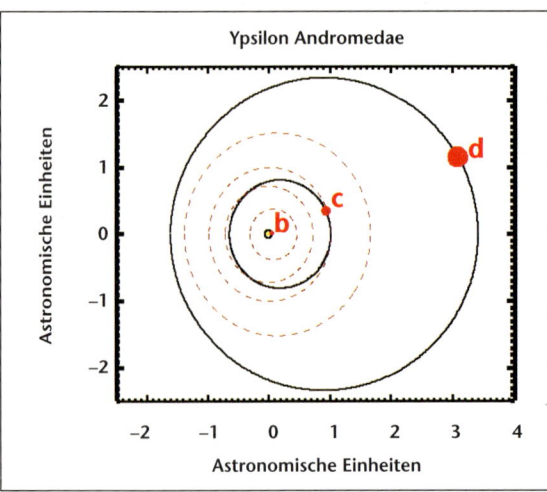

Modell des Planetensystems Y Andromedae.

dies ein Anzeichen für einen möglichen Planeten.

Heute kann sich jeder PC-Besitzer am Projekt SETI beteiligen (Search for Extraterrestrial Intelligence = Suche nach außerirdischer Intelligenz). Nach dem Runterladen einer kostenlosen Software können empfangene Radiosignale nach irgendwelchen von intelligenten Lebewesen stammenden Signaturen analysiert werden. Die Auswertung von Radiosignalen, die mit dem Radioteleskop in Arecibo empfangen wurden, benötigt extrem hohe Rechenleistung und nach dem Herunterladen des Programmes kann man sich an der Auswertung beteiligen und beispielsweise das Auswerteprogramm im Hintergrund laufen lassen. Nach erfolgter Auswertung werden die Daten wieder per Internet zurückgeschickt.

Die Abbildungen links zeigen ein Beispiel von extrasolaren Planetensystemen: Der Stern Y Andromedae ist etwa 10 Grad östlich des Andromedanebels gelegen und dürfte wie in der Skizze dargestellt mehrere Planeten haben. In der Abbildung sind mögliche Planetenbahnen um den Zentralstern angegeben. 1 Astronomische Einheit bezeichnet die mittlere Entfernung Erde–Sonne.

# Sind wir allein im Universum?

In unserem Sonnensystem scheint die Erde der einzige Planet zu sein, auf dem sich Leben entwickeln konnte. Mars ist zu kalt und zu trocken, Venus zu heiß. Daher müssen wir uns nach möglichen Planeten außerhalb des Sonnensystems umsehen, den extrasolaren Planeten.

Betrachtet man auf Grund der Wahrscheinlichkeitsrechnung die Frage, ob es extrasolare Planetensysteme gibt, so kann man durch einfache Überlegungen zu folgenden Abschätzungen kommen:

Wie bereits erwähnt, gibt es in unserer Galaxis etwa 100 Milliarden Sterne, also Sonnen. Nehmen wir an, nur 1% aller Sterne hätten Planetensysteme entwickelt, so bleiben immer noch 1 Milliarde Planetensysteme übrig. Hat von diesen nur jedes tausendste einen Planeten, der in der richtigen Entfernung von seinem Zentralgestirn steht, um bei gemäßigten Temperaturen Leben zu entwickeln, dann hat man immer noch etwa 1 Million Systeme. Es gibt daher berechtigten Grund zur Hoffnung, dass es in unserer Galaxis Planetensysteme mit erdähnlichen Planeten gibt und dort auch Leben entstanden sein könnte. Dabei muss man jedoch berücksichtigen, dass es auf

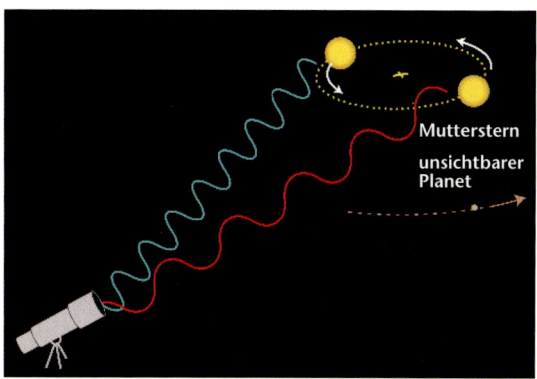

der Erde etwa 4 Milliarden Jahre dauerte, bis hochentwickeltes intelligentes Leben entstand. Die ältesten Fossilien sind etwa 2 Milliarden Jahre alt. Aus der Theorie der Sternentwicklung, auf die wir im Kapitel 6 bei der Besprechung der zukünftigen Entwicklung der Sonne noch genauer eingehen, wissen wir, dass die Lebensdauer eines Sternes (das ist die Zeitspanne, während der er durch Kernverschmelzungsprozesse selbst leuchten kann) von seiner Masse abhängt. Je massereicher ein Stern ist, desto schneller verbraucht er seinen nuklearen Brennstoffvorrat. Um also nach extrasolaren Planeten zu suchen muss, man vor allem massearme Sterne ähnlich wie unsere Sonne heranziehen.

Bewegung eines Sternes und dessen unsichtbaren Planeten um den gemeinsamen Schwerpunkt und die daraus resultierende Dopplerverschiebung der Lichtwellen. Sie ist ein indirekter Hinweis darauf, dass der Stern von einem Planeten umkreist wird.

• • • • • • • • • • • • •

Zusammenfassend kann man also sagen: Die Entstehung eines Planetensystems ähnlich wie unser Sonnensystem ist vom astrophysikalischen Standpunkt her keine Besonderheit. Planetensysteme entstehen laufend, auch heute noch.

# Aufbau der Sonne

**Anatomie eines Sternes**

Die mit dem Sonnensatelliten SOHO gemessene Rotationsgeschwindigkeit im Sonneninneren. Rot bedeutet heißere Zonen, blau kühlere Zonen. Das Sonneninnere rotiert langsamer als die äußeren Zonen. Dies ist wichtig für das Verständnis der Sonnenaktivität.

Bereits im Altertum war die Bedeutung der Sonne als Licht- und Wärmespender klar bekannt. Aber wie groß ist unsere Sonne? Wie heiß ist es auf ihrer Oberfläche? Was wissen wir vom Sonnenaufbau? Um diese Fragen zu beantworten, müssen wir ihre Zustandsgrößen kennen: Temperatur, Masse, Leuchtkraft, Energieerzeugung, Zusammensetzung usw.

Wenn man diese Größen kennt, kann man ein Modell der Sonne entwickeln. Eine solche Modellsonne lässt sich durch ein System von Gleichungen beschreiben und liefert dann für jeden beliebigen Punkt im Sonneninneren dessen Temperatur, Zusammensetzung usw. Im Folgenden wollen wir auf die Bestimmung dieser Größen eingehen, wir beginnen aber mit einer Größe, die eigentlich keine Zustandsgröße ist, da sie die Sonne selbst nicht charakterisiert: die Sonnenentfernung.

## Entfernung der Sonne

Die Entfernung der Sonne von der Erde hat mit der Sonne selbst nichts zu tun, aber sie bestimmt natürlich die Helligkeit der Sonne von der Erde aus gesehen und ist daher wichtig. Bereits im Altertum wurden zahlreiche Versuche angestellt, um diesen Wert zu ermitteln. Dazu muss bemerkt werden, dass alle verwendeten Methoden vom Prinzip her völlig richtig waren, aber infolge von Messungenauigkeiten zu falschen Werten führten.

Das Prinzip zur Entfernungsbestimmung ist einfach und rasch erklärt: Man stelle sich vor, wir wollten die Entfernung eines Gebäudes messen. Welche Möglichkeiten gibt es dann? Die einfachste Methode wäre natürlich direkt einen Maßstab anzulegen und dann die Entfernung abzulesen. Man kann sich aber leicht vorstellen, dass dies bei der Sonne unmöglich ist. Aber es gibt eine andere Möglichkeit. Wir senden ein Signal aus, von dem wir wissen, wie schnell es sich zum Objekt bewegt. Aus der Zeit, bis es nach der Reflektion am Objekt wieder bei uns eintrifft, können wir die Entfernung berechnen. Dies geschieht im Prinzip heute mit Lasermessungen, die auf jeder Baustelle verwendet werden und Entfernungen exakt bestimmbar machen. Im Grunde könnte man also einen Laserstrahl oder noch besser einen Radarstrahl zur Sonne richten und warten bis das reflektierte Signal wieder empfangen wird. Die Ausbreitungsgeschwindigkeit eines derartigen Signals ist gleich der Lichtgeschwindigkeit c, die 300 000 km/sec beträgt.

Wir werden sehen, dass man in der Tat bei der Sonne ein ähnliches Verfahren anwenden kann, allerdings nicht direkt. Der Grund ist zum einen, dass die Sonne zu weit entfernt ist und daher der Radarstrahl zu schwach ist, um exakt gemessen zu werden nach Reflexion an der Sonnenoberfläche. Der zweite Grund ist aber viel schwerwiegender: Was ist die Sonnenoberfläche? Im ersten Kapitel haben wir

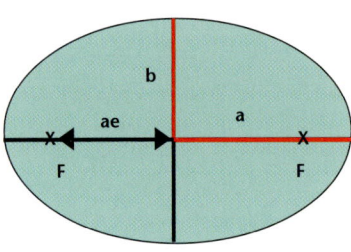

Skizze einer Ellipse mit großer Halbachse a, kleiner Halbachse b, den beiden Brennpunkten sowie Exzentrizität e. Das Produkt aus Exzentrizität e und großer Halbachse a bestimmt den Abstand der Brennpunkte vom Ellipsenmittelpunkt.

gezeigt, dass die Sonne ein Stern unter 100 Milliarden anderen Sternen der Milchstraße ist. Sterne sind glühende Gaskugeln ohne feste Oberfläche. Daher ergibt sich die Frage, ob der Strahl überhaupt reflektiert wird und wenn ja, in welchen Schichten. Trotzdem wendet man heute diese Methode indirekt an, allerdings in Verbindung mit dem dritten Keplergesetz.

Der Astronom Johannes Kepler wurde von Tycho Brahe beauftragt, die Marsbahn genau zu berechnen. Kepler hatte Glück, da er für die Berechnungen die äußerst genauen Beobachtungen Brahes verwenden konnte. So entdeckte er bald, dass entgegen der damaligen Meinung die Planetenbahnen um die Sonne keine Kreise sondern Ellipsen sein müssen, wobei sich die Sonne in einem der beiden Brennpunkte befindet. Dies wird als erstes Keplergesetz bezeichnet. Eine Ellipse wird beschrieben durch 3 Größen: Große Halbachse a, kleine Halbachse b sowie die Exzentrizität e (vgl. Grafik). Ein Kreis ist dann ein Sonderfall einer Ellipse mit Exzentrizität e = 0. Der Abstand der Brennpunkte einer Ellipse von ihrem Mittelpunkt ist gleich ae.

Bald darauf erkannte Kepler auch, dass sich ein Planet in Sonnennähe rascher bewegen muss als in Sonnenferne (zweites Keplergesetz). Dies hat praktische Konsequenzen: Auch die Erdbahn ist eine Ellipse. Der sonnennächste Punkt der Erdbahn, das Perihel, wird Anfang Januar durchlaufen, die Entfernung Erde-Sonne ist hingegen Anfang Juli am größten (Aphel). Die Bahngeschwindigkeit der Erde um die Sonne beträgt im Perihel etwa 30,3 km/sec und im Aphel 29,3 km/sec. Aus diesem Grunde dauert das Sommerhalbjahr auf der Nordhalbkugel der Erde etwa 8 Tage länger als das Winterhalbjahr. Die ersten beiden Keplergesetze wurden im Jahr 1609 in Prag veröffentlicht.

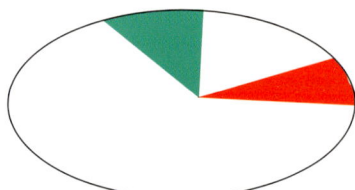

Die Verbindungslinie Planet–Sonne überstreicht in gleichen Zeiten gleiche Flächen (2. Keplergesetz). Die rot und grün eingezeichneten Flächen sind gleich groß. Deshalb bewegt sich der Planet in Sonnennähe rascher als in Sonnenferne.

*Entfernung*

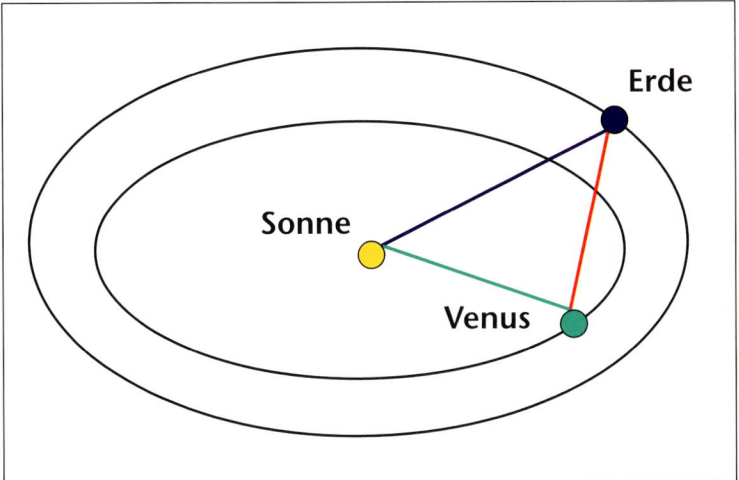

Kennt man die Entfernung eines Planeten, der der Erde wesentlich näher kommt als die Sonne, kann man mit dem 3. Keplergesetz alle Entfernungen bestimmen (vgl. Text).

Für unsere Betrachtungen ist aber noch das dritte Keplergesetz wesentlich, welches erst 1619 in den Harmonices Mundi veröffentlicht wurde. Es besagt, dass sich die Quadrate der Umlaufzeiten der Planeten wie die Kuben ihrer großen Bahnhalbachsen verhalten und das Verhältnis für alle Planeten gleich ist (also $a^3/u^2 = $ const). Die Bestimmung der Umlaufzeit eines Planeten ist sehr einfach, man beobachtet, wann der Planet wieder an derselben Position am Himmel steht. Gelingt es also, die Entfernung eines einzigen Planeten zu bestimmen, kennt man alle anderen Entfernungen, sobald die Umlaufzeit bekannt ist.

Die eine gesuchte Entfernung kann man nun nach obiger Methode aus der Laufzeit eines Radarsignals bestimmen. Wir schicken ein Radarsignal zur Venus. Dies ist der uns am nächsten stehende Planet. Auch hier gibt es Genauigkeitsgrenzen der Messungen: In welcher Höhe der Venusatmosphäre, die ja sehr dicht ist, werden die Signale reflektiert? Anstelle der Venus kann man auch Kleinplaneten benutzen, die der Erde sehr nahe kommen, wie z.B. der Kleinplanet Eros.

Natürlich kann man die Entfernung auch durch die Winkelmessung der Parallaxe bestimmen (vgl. Kapitel 1). So könnten wir die Sonnenparallaxe von 2 möglichst weit

# Aufbau der Sonne – Anatomie eines Sternes

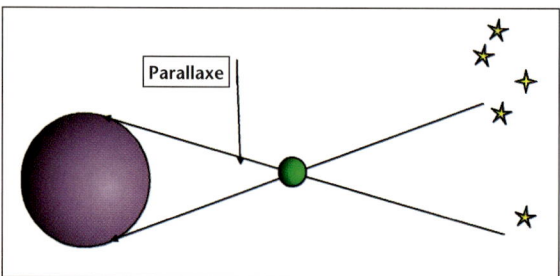

Durch Beobachtung eines nahen Planeten von zwei möglichst weit entfernten Punkten von der Erde aus (links) ergibt sich die Parallaxe, da seine Position relativ zu den weit entfernten Hintergrundsternen am Himmel unterschiedlich erscheint.

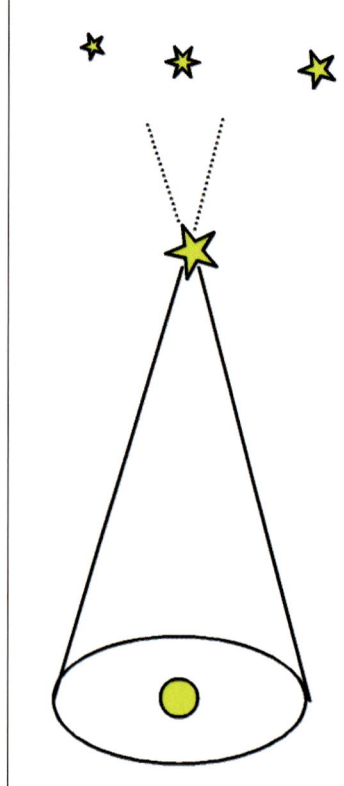

Bei der jährlichen Parallaxe dient als Beobachtungsbasis die Erdbahn um die Sonne (in der Abbildung unten). Man beobachtet einen Stern relativ zu weit entfernten Hintergrundsternen im Abstand von 1/2 Jahr.

entfernten Observatorien messen, wobei dann die Sonne gegenüber den wesentlich weiter entfernten Hintergrundsternen hin und her springen müsste. Da aber die Sonne sehr weit entfernt ist und man am Tag keine Sterne sieht, ist die direkte Bestimmung der Sonnenparallaxe sehr schwierig. Deshalb bestimmt man mittels Parallaxe die Entfernung eines uns nahe kommenden Himmelskörpers (Venus, Mars oder Kleinplanet) und hat dann nach dem dritten Keplergesetz alle anderen Entfernungen.

Wir kennen aus diesen Messungen die mittlere Entfernung Erde–Sonne, die auch als Astronomische Einheit (AE, engl. AU = astronomical unit) bezeichnet wird: 1 AE = 149 600 000 km. Dabei liegt die Genauigkeit bei der Bestimmung der Sonnenentfernung bei 2 km. Das Licht benötigt etwa 500 Sekunden oder 8,3 Minuten zur Sonne.

Entfernungsangaben im Sonnensystem werden wegen der sonst zu großen Zahlenwerte immer in Astronomischen Einheiten angegeben. Die Sonne ist also 1 AE von uns entfernt, die Jupiterbahn hat eine Halbachse von 5,2 AE. Wie schon früher erwähnt, schwankt die Entfernung Erde-Sonne zwischen 149 Millionen km im Januar und 152 Millionen km im Juli. Dies hat aber nichts mit den Jahreszeiten zu tun.

*Masse*

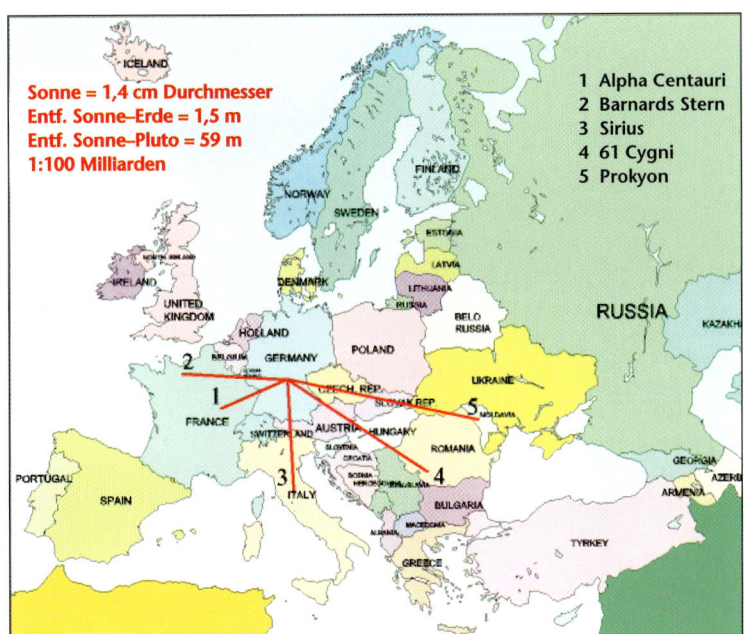

Wenn man unser Sonnensystem auf Fußballgröße reduziert (das wäre ein Maßstab von etwa 1:100 Milliarden), dann befinden sich die nächsten Sterne in mehreren 100 km Entfernung.

Bereits im Altertum versuchte man die Entfernung der Sonne zu bestimmen. Aristarch hat um 250 v. Chr. aus Winkelmessungen um die Zeit des Halbmondes geschätzt, dass die Sonne 20-mal weiter entfernt sein müsste als der Mond. Da derartige kleine Winkelunterschiede aber mit freiem Auge nicht genau genug messbar sind, fand er einen um den Faktor 20 zu geringen Wert: Die Sonne ist in Wirklichkeit 400-mal weiter entfernt als der Mond.

## Die Masse der Sonne

Die Masse eines Sternes ist im Prinzip seine wichtigste Kenngröße. Von ihr hängt ab, wie hell der Stern ist, wie heiß er ist und wie groß seine Lebensdauer ist. Aber auf der anderen Seite ist gerade ihre Bestimmung sehr schwierig und man kennt von den 100 Milliarden Sternen der Milchstraße nur für einige Dutzend genaue Massen. Was macht eigentlich eine Masse, welche Wirkungen übt sie aus? Nach Newton (1642–1727) üben Massen Schwerkraft aufeinander aus. Zwei Massen ziehen sich einander mit ei-

> Die Milchstraße enthält 100 Milliarden Sterne. Die Masse unserer Sonne kann man aus dem Abstand der Erde von ihr und der Umlaufperiode der Erde um die Sonne feststellen (drittes Keplergesetz).

ner Kraft an, die von ihren Massen abhängt und mit dem Quadrat ihrer Entfernung abnimmt. Dies ist das berühmte Newtonsche Gravitationsgesetz. In Verbindung mit dem dritten Keplergesetz ergibt sich eine Formel, aus der man die Masse der Sonne ablesen kann, wenn man die Umlaufzeit des Planeten und seine große Halbachse kennt. Nehmen wir die Erde: Ihre Umlaufzeit um die Sonne beträgt 1 Jahr = etwa 30 Millionen Sekunden. Die große Halbachse = 150 Milliarden m. Die Konstante const beträgt $1{,}7 \times 10^{-12}$. Daraus folgt die Sonnenmasse zu $2 \times 10^{30}$ kg. Dies entspricht etwa 333 000 Erdmassen!

Je größer nun die Masse eines Sternes ist, desto größer ist seine Leuchtkraft, er strahlt also heller und geht dabei verschwenderischer mit seiner Energie um. Sehr massereiche Sterne (20 Sonnenmassen) werden daher nur wenige Millionen Jahre alt, leuchten dafür aber wesentlich heller als die Sonne.

## Wie groß ist die Sonne?

Diese Größe läßt sich sehr einfach bestimmen. Mittels eines Winkelmessgerätes kann man den scheinbaren Durchmesser der Sonne am Himmel bestimmen. Dieser beträgt etwa $1/2$ Grad. Die Entfernung der Sonne ist bekannt, daraus ergibt sich sofort der wahre Sonnendurchmesser. Der Sonnenradius beträgt 696 000 km oder rund 100 Erdradien. Die Sonne ist also 100-mal so groß wie die Erde. Das bedeutet, dass die Mondbahn leicht innerhalb der Sonne Platz hätte. Der größte Planet im Sonnensystem, der Jupiter, ist 10-mal so groß wie die Erde, ist daher aber immer noch klein gegenüber der Sonne (vgl. Abb. rechts).

Es gibt so genannte Riesensterne, die wesentlich größer sind als die Sonne und z.B. so weit ausgedehnt sind, dass die Erdbahn darin bequem Platz hätte.

Die mittlere Dichte der Sonne ist gleich dem Quotienten aus Masse und Volumen. Beides haben wir oben bestimmt. Daraus ergibt sich eine relativ geringe mittlere Dichte der Sonne von nur 1,4 g/cm$^3$. Dies ist ein Mittelwert, da die Dichte an der Sonnenoberfläche (falls man bei einer Gaskugel wie unserer Sonne überhaupt von einer Oberfläche sprechen kann) wesentlich geringer sein wird und im Sonneninneren größer. Zum Vergleich: Die Oberflächendichte der Erde beträgt 2,6 g/cm$^3$, im Erdinneren nahe dem Zentrum hat man eine Dichte von 17 g/cm$^3$; nahe

*Temperatur*

Größenvergleich zwischen Sonne (Mitte), Jupiter (rechts) und Erde (links).

dem Zentrum der Sonne beträgt die Dichte etwa 160 g/cm³.

Eine wichtige Größe, die auch den Aufbau der Sonnenatmosphäre mitbestimmt, ist die Schwerebeschleunigung an der Sonnenoberfläche. Sie beträgt etwa das dreißigfache des Wertes an der Erdoberfläche. Ein Mensch, der auf der Erde 80 kg wiegt, würde also auf der Sonnen das Dreißigfache wiegen.

## Wie heiß ist es auf der Sonne?

Wie kann man die Temperatur der Sonne bestimmen? Direkte Messungen sind nicht möglich. An dieser Stelle sei nochmals darauf hingewiesen, dass sich Astrophysiker stets in einer schwierigen Lage befinden. Sie können im Gegensatz zu anderen Naturwissenschaftlern mit ihren Objekten nicht experimentieren, sondern sind nur passive Zuschauer. Zwar ist es in den letzten Jahrzehnten gelungen, Objekte des Sonnensystems direkt mit Satelliten zu erkunden, doch diese Entfernungen spielen im Vergleich zu den riesigen Entfernungen im Weltraum keine Rolle. Die einzige Information, die wir von den Sternen bekommen, ist deren Licht oder die Strahlung. Darüber hinaus können wir noch die Position eines Sternes am Himmel messen.

# Aufbau der Sonne – Anatomie eines Sternes

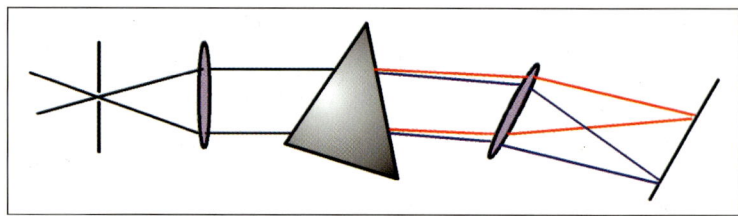

Prinzip der Spektralzerlegung des Lichtes. Durch ein Prisma wird das Licht in die einzelnen Farben zerlegt. Vergleicht man die Helligkeit eines Sternes in den verschiedenen Farben, ergibt sich ein Maß für die Temperatur.

Daher stellt sich die Frage, wenn wir die Temperatur der Sonne oder eines Sternes bestimmen wollen, wie man aus der Strahlung auf die Temperatur schließen kann.

Machen wir dazu ein einfaches Gedankenexperiment. Stellen wir uns einen Eisenofen vor, den wir einheizen. Was passiert dann? Der Ofen strahlt Wärme ab. Dies ist eine besondere Form von Strahlung, die wir zwar nicht mit den Augen sehen können, aber durch die Haut fühlen, es ist Infrarotstrahlung. Heizen wir den Ofen weiter auf, dann beginnt er zunächst dunkelrot zu glühen, wir sehen also den Ofen leuchten, bei noch höheren Temperaturen glüht er dann hellrot, weiß usw. Daraus folgt, dass die Farbe eines Sternes ein Maß für seine Temperatur ist. Blicken Sie einmal in einer klaren mondlosen Nacht in den Sternenhimmel. Besonders bei hellen Sternen erkennt man, dass es welche gibt, die eher bläulich-weißlich leuchten, andere wieder in einem satten Gelb und einige andere eher rötlich.

Die Leuchtkraft eines Sternes, also sein gesamter Energieoutput in Form von elektromagnetischer Strahlung, hängt ab von der Größe der Oberfläche des Körpers multipliziert mit der vierten Potenz seiner Temperatur (Stefan-Boltzmann-Gesetz). Nun können wir relativ einfach die Leuchtkraft der Sonne am Ort der Erde bestimmen. Man misst die Erwärmung durch Sonnenstrahlen einer ganz genau definierten Fläche. Dabei muss man natürlich noch berücksichtigen, dass diese Erwärmung abhängig ist vom Einfall der Sonnenstrahlen (bei schrägem Einfall ist sie entsprechend geringer) sowie von der Durchlässigkeit der Erdatmosphäre. Berücksichtigt man dies, dann muss man noch bedenken, dass die Leuchtkraft mit dem Quadrat der Entfernung abnimmt. Die Entfernung haben wir aber bestimmt, die Erwärmung kann man messen; daraus folgt die Temperatur der Sonne, die man auch als effektive Temperatur bezeichnet. Für die Sonne bekommt man einen Wert von 5800 K. K bezeichnet dabei Kelvin. Die Kelvinskala der Temperatur geht im Gegensatz zur Celsiusskala nicht vom Gefrierpunkt des Wassers aus (0 °C), sondern beginnt am absoluten Nullpunkt (bei −273 °C).

Für die Einstrahlung der Sonne auf die Erde hat man den Begriff Solarkonstante (oder solare Irradianz) eingeführt. Darunter versteht man denjenigen Energiebetrag, den wir von der Sonne auf 1 m² Fläche erhalten. Außerhalb der Erdatmosphäre beträgt dieser Wert bei senkrechtem Einfall der Sonnenstrahlen 1,3 kW. Diese Größe geht also in alle Überlegungen bezüglich Solarenergie ein, aber wie erwähnt, muss man den Einfallswinkel der Sonnenstrahlen berücksichtigen bzw. dass die Energieumsetzung der Zelle nicht zu 100 % gegeben ist, also den Wirkungsgrad der Anlage.

Die Sonnenleuchtkraft beträgt $3{,}8 \times 10^{26}$ W. Diese Zahl ist unvorstellbar hoch. Man kann sich das so verdeutlichen: 1 m² Sonnenoberfläche liefert eine Energie von 60 MW (1 MW = 1 Megawatt = 1 Million Watt). Normale Kraftwerke auf der Erde, die mit Kohle, Erdöl oder Wasserkraft betrieben werden, liefern einige 100 MW. Das bedeutet, dass ein etwa 10 m² großes Grundstück auf der Sonnenoberfläche soviel Energie abstrahlt wie ein irdisches Großkraftwerk produziert.

## Die Sonne im Vergleich zu anderen Sternen

An dieser Stelle kehren wir wieder zurück zum ersten Kapitel. Wir betrachten die Sonne im Vergleich zu anderen Sternen. Dies ist notwendig, um mehr über den Aufbau und die Entwicklung der Sonne überhaupt zu erfahren. Die Entwicklung der Sonne erfolgt so langsam, dass mehrere Generationen von Menschenleben bei weitem nicht ausreichen, um Veränderungen wahrzunehmen. In dieser Hinsicht können wir uns mit einer Eintagsfliege vergleichen, die während ihrer kurzen Lebenszeit etwas über die Entwicklung der Menschen in Erfahrung bringen möchte. Während eines Tages altern wir unmerklich, das heißt an einem einzelnen Menschen kann sie nicht die Entwicklung verfolgen. Wenn sie hingegen viele Menschen gleichzeitig beobachtet, dann wird sie Kinder, Erwachsene und alte Menschen sehen. Somit ist sie in der Lage, auch während ihrer im Vergleich zur Entwicklung der Menschen kurzen Lebenszeit etwas über deren Entwicklung auszusagen.

Dieselbe Situation ist in der Astrophysik gegeben. Die Sonne ist

*Ein 10 Quadratmeter großes Stück Sonnenoberfläche strahlt soviel Energie ab, wie ein irdisches Großkraftwerk produziert, und das seit 4,5 Milliarden Jahren.*

# Aufbau der Sonne – Anatomie eines Sternes

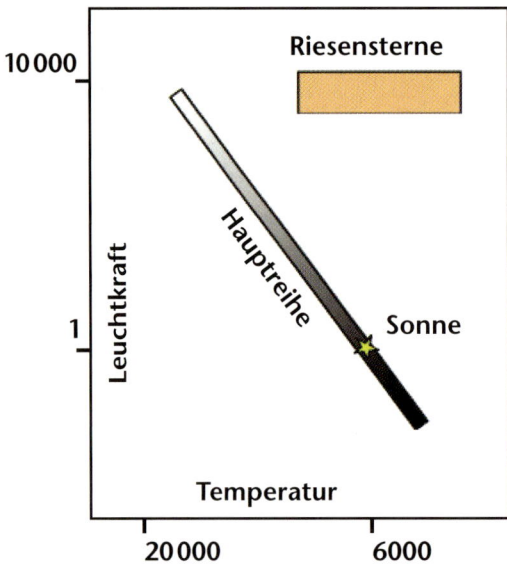

Hertzsprung-Russell-Diagramm (HRD; vgl. Text). Mehr als 90% aller Sterne liegen auf der Hauptreihe; rechts oben sind die Riesensterne.

ne sind deutlich kühler als die Sonne, etwa 3000 K heiß, bläulichweiße Sterne deutlich heißer, etwa 20 000 K. Nun benötigen wir noch die Leuchtkraft der Sterne. Diese hängt ab von deren tatsächlicher Energieerzeugung und von deren Entfernung. Die Entfernung von Sternen kann man wie bereits ausgeführt durch Bestimmung ihrer Parallaxe berechnen (vgl. Kapitel 1). Bei bekannter Sternentfernung und der gemessenen scheinbaren Helligkeit der Sterne am Himmel kann man deren tatsächliche Leuchtkraft bestimmen. Dies wird nun mit sehr vielen Sternen durchgeführt. Anschließend trägt man die Werte in ein Diagramm ein: Die Abszisse oder x-Achse des Diagramms ist die Temperatur, die Ordinate oder y-Achse die Leuchtkraft. Nach den Entdeckern wird dieses für die Astrophysik so wichtige Diagramm auch Hertzsprung-Russell-Diagramm genannt. Es wurde im Jahre 1913 zum ersten Mal diskutiert.

Was lernt man aus diesem Diagramm? Man sieht sofort, dass Temperatur und Leuchtkraft der Sterne nicht in beliebigen Werten vorkommen können, denn dann müsste das Diagramm gleichmäßig mit Punkten aufgefüllt sein. 90 % aller Sterne passen in die so genannte Hauptreihe, die von links oben nach rechts unten im Dia-

etwa 5 Milliarden Jahre alt. Würde man diese Zeitspanne auf 1 Jahr verkleinern, dann wäre die Lebensdauer eines Menschen nur etwa 0,0001 Sekunde. Wir könnten also während unseres gesamten Lebens 1 Zehntausendstel Sekunde auf die Sonne blicken, wenn diese insgesamt 1 Jahr alt wäre.

Vergleichen wir daher die Sonne mit anderen Sternen. Wir haben bereits gesehen, wie man die Temperatur der Sonne und somit eines Sternes durch Messung seiner Farbe bestimmen kann. Rötliche Ster-

gramm verläuft. Unsere Sonne befindet sich dabei im unteren Drittel dieser Hauptreihe. Linien gleicher Temperatur in diesem Diagramm sind einfache vertikale Geraden. Rechts oberhalb der Hauptreihe haben wir Sterne mit hoher Leuchtkraft aber derselben Temperatur wie die darunter liegenden Hauptreihensterne. Deshalb müssen diese Sterne eine viel größere Oberfläche als Hauptreihensterne haben und man spricht auch von Riesensternen. Untersucht man noch die Massen der Sterne, dann findet man, dass massereiche Sterne links oben sind und massearme Sterne rechts unten auf der Hauptreihe. Für Hauptreihensterne gilt, dass ihre Leuchtkraft annähernd gleich der dritten Potenz der Masse ist. Ein derartiges Hertzsprung-Russell-Diagramm stellt eine Momentaufnahme von Sternen unterschiedlicher Entfernung dar und ist so für die Sternentwicklung noch nicht aussagekräftig. Wir werden darauf nochmals im Kapitel über die Zukunft der Sonne eingehen.

Zum Schluss noch die Frage, wie erscheint unsere Sonne von anderen Sternen aus? In einer Entfernung von etwa 30 Lichtjahren würde die Sonne nur mehr ein relativ schwacher Stern sein, der gerade noch mit bloßem Auge sichtbar ist. Die Sonne ist also lediglich ein unauffälliger Durchschnittsstern.

## Woher nimmt die Sonne ihre Energie?

Machen wir eine Reise in das Zentrum der Sonne. Dort herrschen extreme Temperaturen und Drücke. Im Zentrum selbst hat man eine Temperatur von 15 Millionen Grad und der Druck entspricht dem 300-milliardenfachen Druck der Erdatmosphäre an der Erdoberfläche; die Dichte beträgt – wie schon erwähnt – mehr als 150 g/cm$^3$. Die Frage ist, woher weiß man das alles? Gehen wir zunächst von einem ganz einfachen Problem aus. Wie geologische Aufzeichnungen belegen, strahlt die Sonne seit mehr als 4,5 Milliarden Jahren mit nahezu unveränderter Helligkeit. Aber woher kommen diese Energiemengen? Dazu ein Vergleich: Pro Sekunde strahlt die Sonne soviel an Energie ab, wie die gesamten USA in 90 000 Jahren verbrauchen. Nehmen wir z.B. an, unsere Sonne wäre ein riesiger Steinkohlehaufen, der einfach verbrennt. Auf Grund ihrer gewaltigen Masse reicht dann die Energie zwar 10 000 Jahre lang aus, aber dies ist natürlich nichts im Vergleich zu ihrem tatsächlichen Alter. Eine andere Möglichkeit wäre, dass sich die Sonne langsam zusammenzieht. Dabei erwärmt sich

Astrophysikalisch gesehen ist unsere Sonne also ein Stern relativ geringer Temperatur auf der Hauptreihe des Hertzsprung-Russell-Diagramms, auf der sich 90 % aller anderen Sterne befinden.

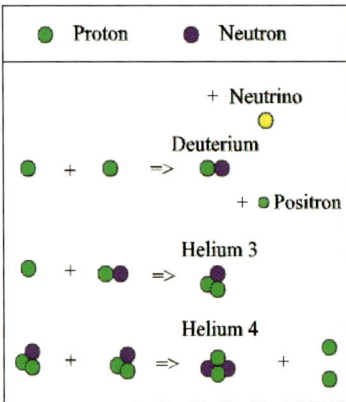

Die im Zentrum der Sonne bei 15 Millionen Grad ablaufende Proton-Proton(pp)-Reaktion, bei der in 3 Stufen aus Wasserstoff (Kern besteht nur aus 1 Proton) Helium entsteht.

einerseits das Sonneninnere, andererseits wird Energie abgestrahlt. Doch auch mit dieser Energieerzeugung kommt man nur auf ein paar Millionen Jahre und es hätte sich so niemals Leben auf der Erde entwickeln können.

Deshalb hatte man zu Beginn des 20. Jahrhunderts folgendes Bild von der Sonne: Man wusste ihren Durchmesser, ihre Entfernung, ihre Leuchtkraft und ihre Masse, aber woher die Energie der Sonne kommt, die sie mit der heutigen Leuchtkraft mehrere Milliarden Jahre lang strahlen lässt, war unbekannt. Etwa 30 Jahre später kannte man bereits die Lösung: Nahe dem Zentrum beträgt die Temperatur ca. 15 Millionen Grad, und bei so hohen Temperaturen können Atomkerne verschmelzen. Was heißt dies eigentlich? Aus der Physik weiß man, dass die Temperatur eines Gases ein Maß für die kinetische Energie der Gasteilchen ist. Das heißt, die Gasteilchen bewegen sich umso schneller, je höher die Temperatur ist. Beim absoluten Nullpunkt bewegen sie sich praktisch nicht. Bei den extrem hohen Temperaturen im Sonneninneren prallen die Atomkerne mit solcher Wucht aufeinander, dass sie verschmelzen können. Die Energie im Inneren der Sonne wird durch Verschmelzung von leichten Atomkernen (Wasserstoff) zu schwereren (Helium) erzeugt. Der durch Fusion von Wasserstoffkernen entstandene Heliumkern ist um etwa 1 % leichter als seine Bestandteile. Genau dieser Betrag wird nach der berühmten Formel von Einstein ($E = m\, c^2$, Energie = Masse mal Lichtgeschwindigkeit im Quadrat) in Energie umgewandelt. Man kann diese Umwandlungsrate daher auch anders angeben: Pro Sekunde wird die Sonne um $4 \times 10^{12}$ g = 4 Millionen Tonnen leichter! Da nur 1% Wirkungsgrad gegeben ist, müssen also in jeder Sekunde 400 Millionen Tonnen Wasserstoff in Helium umgewandelt werden.

Im Prinzip funktioniert daher die Sonne wie eine Wasserstoffbombe. Man ist seit mehreren Jahrzehnten bemüht, diese in der Sonne ablaufenden Reaktionen auf der Erde nachzuvollziehen. Das Problem ist dabei das Zusammenhal-

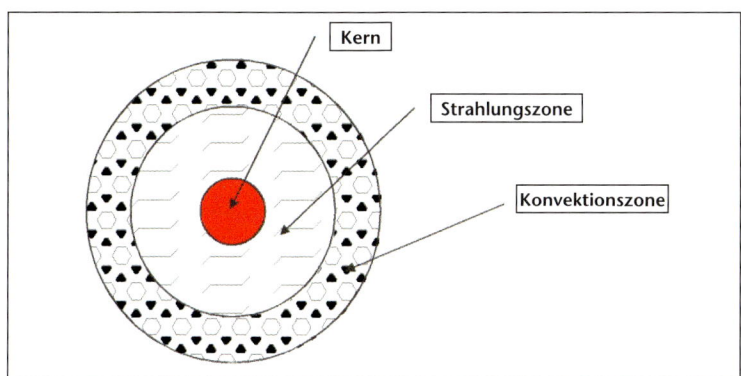

Skizze des Aufbaus unserer Sonne.

ten eines mehrere Millionen Grad heißen Plasmas (so nennt man die extrem heißen, teils unter enormen Druck stehenden »Gase«), wozu riesige Anlagen gebaut werden. Sollte die Kernfusion tatsächlich gelingen, wäre die Energieversorgung auf der Erde praktisch unendlich lang gesichert.

Stellt man diese Umwandlungsraten dem gesamten Brennstoffvorrat gegenüber, dann stellt sich heraus, dass die Sonne bereits $1/3$ des Wasserstoffvorrates in ihrem Zentralbereich zu Helium umgewandelt hat. Insgesamt wird aber diese Energiequelle noch für weitere 5 Milliarden Jahre zur Verfügung stehen und unsere Sonne befindet sich quasi in ihrem besten Alter.

Was passiert nun mit dieser Energie. Sie wird zunächst in Form von Strahlung nach oben transportiert. Man spricht auch von der Strahlungszone der Sonne. Etwa 200 000 km unterhalb der Sonnenoberfläche erfolgt jedoch der Energietransport nicht mehr durch Strahlung, sondern durch Konvektion. Dies ist ein allgegenwärtiger Prozess auf der Erde. An einem heißen Sommertag steigt erwärmte Luft nach oben, kühlt sich ab und sinkt wieder nach unten in der Erdatmosphäre. Ähnlich die Vorgänge in der Konvektionszone der Sonne: Heißes Sonnenplasma steigt nach oben, kühlt sich ab und sinkt wieder nach unten. Diejenige Schicht der Sonnenoberfläche, die wir direkt sehen können und aus der fast die gesamte Strahlung stammt, nennt man Photosphäre. Sie ist extrem dünn im Vergleich zum gesamten Sonnenradius, nämlich nur etwa 400 km dick. Die Abstrahlung aus der Photosphäre ist gewaltig: Jeder $cm^2$ strahlt soviel Licht ab wie eine 6000-W-Lampe.

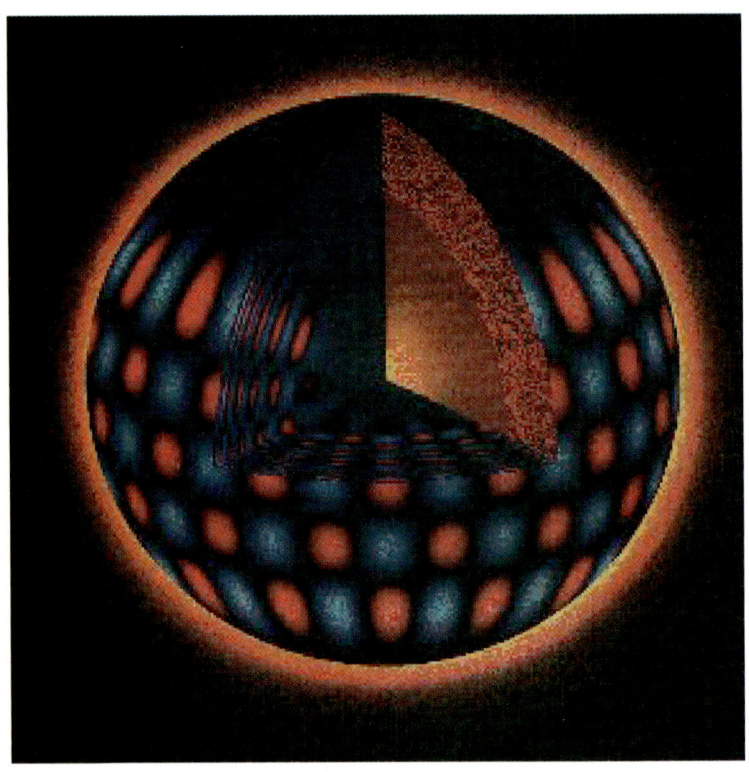

Schwingungsmoden der Sonne. Blaue Gebiete bewegen sich auf den Beobachter zu, rote weg.

## Beobachtung des Sonneninneren

Wieso weiß man über das Innere der Sonne so gut Bescheid, wo man doch nur in die äußersten Schichten, die etwa 400 km dicke Photosphäre blicken kann? Zunächst kann man sich ein Modell des Sonnenaufbaus machen. Man kennt die Werte für die Sonnenoberfläche, etwa 5800 K heiß, den Sonnenradius, die Zusammensetzung usw. Da die einzige Möglichkeit die Sonne so lange mit Energie zu versorgen durch die Kernfusion gegeben ist, folgen die extrem hohen Temperaturen im Inneren der Sonne. Dass es im Inneren der Sonne sehr heiß wird, kann man, wie im letzten Kapitel dieses Buches gezeigt wird, auch durch einfache eigene Beobachtungen feststellen. Aber es gibt auch noch andere Methoden, hier Aussagen zu treffen.

Erinnern wir uns, wie man den Aufbau des Erdinneren bestimmen kann. Dazu gibt es ein weltweit verteiltes Netz von Beobachtungsstationen, die Erdbebenwellen aufzeichnen. Die Ausbreitung derartiger Wellen hängt nun ab von der Zusammensetzung verschiedener Schichten im Erdinneren. Dasselbe kann man mit der Sonne machen. Wir können zwar auf der Sonne keine Seismographen installieren, aber wir können ihre Schwingungen messen. Dieses interessante Spezialgebiet der Sonnenforschung nennt man auch Helioseismologie. Die Sonne schwingt nämlich in einem ganz bestimmten Muster und aus der Analyse dieser Schwingungen folgt der Aufbau der Sonne. Dies wurde um 1960 entdeckt.

Um diese Schwingungen genau zu messen, hat man das Projekt GONG (Global oscillation network) gegründet. Durch Beobachtungen an weltweit verteilten Stationen lassen sich die Schwingungen der Sonne praktisch 24 Stunden lang ununterbrochen aufzeichnen.

Eine Möglichkeit die Kernreaktionen im Inneren der Sonne zu überprüfen stellen die Sonnenneutrinos dar. Diese Teilchen sind wahre Geisterteilchen. Sie entstehen bei den Kernreaktionen als Nebenprodukt und haben auf Grund ihrer extrem geringen Ruhemasse einen derart kleinen Wirkungsquerschnitt, dass sie praktisch ungehindert die Sonne durchqueren und nur mit komplizierten Verfahren auf der Erde eingefangen werden können. Auf der Erde sind pro Sekunde 65 Milliarden Neutrinos zu erwarten. Würde man Neutrinos durch eine Bleischicht von 1 Lichtjahr Dicke durchschießen (10 Billionen km), so würden allerdings nur 1 Promille dieser Neutrinos in der Bleischicht eingefangen werden. Deshalb sind Neutrinos so schwer aufzuspüren. Zur Beobachtung der Sonnenneutrinos gibt es mehrere Experimente. Das älteste besteht darin, dass die Neutrinos in einem riesigen Tank, gefüllt mit einer Flüssigkeit, die Chlor enthält, eingefangen werden. Dabei sucht man dann nach einigen Atomen Argon, da die Neutrinos das Chlor in Argon umwandeln. Eine wahrhaftige Suche nach der berühmten Nadel in einem Heuhaufen ...

Die Ergebnisse zeigen, dass man nur etwa $1/3$ der zu erwartenden Neutrinos misst. Dies wird als das Neutrinoproblem in der Sonnenphysik bezeichnet. Einerseits könnten daher die Vorstellungen vom Sonnenaufbau falsch sein, etwa dass die Sonne im Inneren sehr rasch rotiert, oder die Neutrinos wandeln sich um und ändern ihre Eigenschaften.

• • • • • • • • • • • • • •

In diesem Kapitel haben wir gesehen, dass unsere Sonne ein Stern ist mit mehr als 300 000-facher Erdmasse. Die Temperatur beträgt an der Oberfläche etwa 6000 K, im Zentrum, wo die Energie durch Kernfusion, d.h. durch Verschmelzung von Wasserstoff zu Helium gewonnen wird, herrscht eine Temperatur von 15 Millionen Grad.

*Aufbau der Sonne – Anatomie eines Sternes*

# Sonnen-
# aktivität

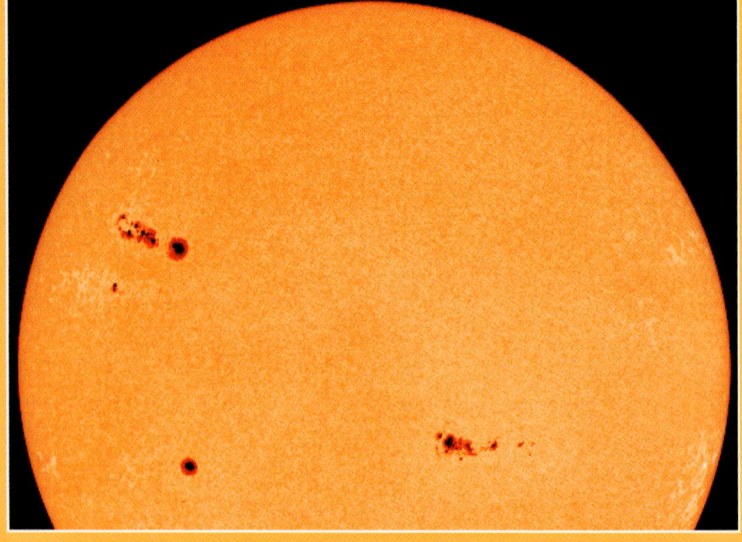

Aufnahme der Sonne im weißen Licht vom Sonnensatelliten SOHO. Bereits im Altertum erkannten die Menschen die große Bedeutung der Sonne für das Leben auf der Erde und begannen sie zu beobachten.

*Nachdem wir den Aufbau unserer Sonne untersucht haben, wenden wir uns jetzt der Sonnenaktivität zu. Die Sonne ist nämlich keineswegs ein ruhiger Stern, sondern es gibt eine Vielzahl von gewaltigen Energieausbrüchen und Erscheinungen an der Sonnenoberfläche bzw. in der Sonnenatmosphäre, die periodisch mit dem Sonnenaktivitätszyklus variieren. Am auffälligsten und bereits im Altertum beobachtet sind dabei die Sonnenflecken.*

## Sonnenflecken – Magnetfelder auf der Sonne

Sonnenflecken wurden bereits im Altertum beobachtet, wenn die Sonne besonders tief am Horizont steht und man gefahrlos mit bloßem Auge in die Sonne blicken kann.

So gibt es z.B. in alten chinesischen Schriften Aufzeichnungen über das Auftreten von Sonnenflecken. Es gehörte zu den Pflichten der beim kaiserlichen Hofe angestellten Astronomen, dem Kaiser über Himmelserscheinungen zu berichten.

Damit ein Sonnenfleck mit freiem Auge von der Erde aus erkennbar ist, muss er eine Ausdehnung von etwa 40 000 km haben. Galilei hat um 1610 zwar das Fernrohr nicht erfunden, er war aber der Erste, der es für astronomische Beobachtungen einsetzte. Um die damalige Kirche von seinen neuen Entdeckungen zu überzeugen (unter anderem sah er auch das erste Mal die Phasen der Venus, die nur dadurch erklärbar sind, dass sich die Venus innerhalb der Erdbahn um die Sonne bewegt), unternahm er 1615 eine Reise nach Rom und hielt dort Vorträge. Der Papst ließ eine Kommission einsetzen, die zur Überzeugung kam, dass alles Unsinn sei.

Galilei verwendete zur sicheren Sonnenbeobachtung die Projektionsmethode: Hinter dem Teleskop wird ein Schirm angebracht und auf diesem das Sonnenbild projiziert (siehe auch Kapitel 7). Seine Beobachtungen sorgten für großes Aufsehen. Laut Vorstellungen der damaligen Kirche musste die Sonne ein makelloser Himmelskörper sein und so interpretierte man die Flecken zuerst als um die Sonne herumwandernde Planeten. Zu den ersten Beobachtern der Sonnenflecken zählten um 1611 auch Fabricius und Scheiner, die die Flecken 10 Jahre lang beobachteten. Scheiner erklärte die Wanderung der Flecken über die Sonne hinweg durch die Rotation der Sonne: Die Flecken selbst sind fest, aber da sich die Sonne um die eigene Achse dreht, bewegen sich die Flecken um die Sonne. Dies veröffentlichte Scheiner 1630 in seiner Rosa Ursina. Um 1630 wusste man bereits, obwohl von der damaligen Kirche heftig kritisiert, dass Flecken Erscheinungen der Sonnenoberfläche sind und sich infolge der Sonnenrotation mit der Sonne mitbewegen.

Heute wissen wir, dass Sonnenflecken relativ kurzlebige Erscheinungen in der Sonnenphotosphäre sind, mit einer Le-

> Sonnenflecken wurden früher für um die Sonne kreisende Planeten gehalten, da laut damaligem Weltbild die Sonne fleckenlos sein sollte. Bald erkannte man, dass es sich um Erscheinungen auf der Sonne handeln muss.

# Sonnenaktivität

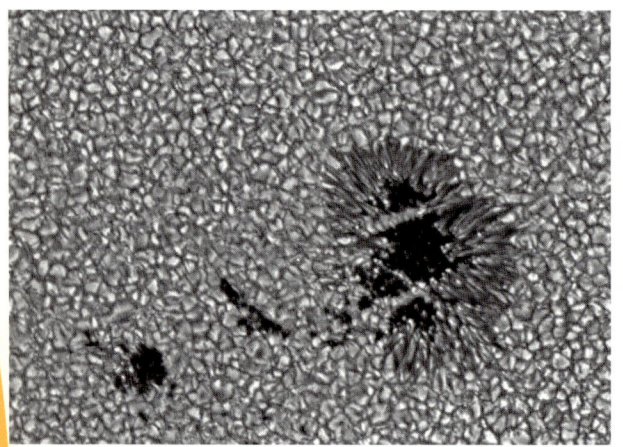

Große Sonnenfleckengruppe mit Granulation (Aufnahme: schwedisches Vakuum-Turm-Teleskop in La Palma).

bensdauer zwischen Tagen und Monaten. Zur Erinnerung: Die Photosphäre ist jene etwa 400 km dicke Schicht, aus der uns fast die gesamte Sonnenstrahlung erreicht, sie definiert also quasi die Oberfläche der Gaskugel Sonne.

Flecken treten meist in Gruppen auf. Innerhalb einer Fleckengruppe, die sich über mehrere 10 000 km erstrecken kann, gibt es dann viele Einzelflecken. Manchmal sieht man auch Einzelflecken ohne Gruppe oder Flecken, die sehr klein sind und als Poren bezeichnet werden. Zur Bestimmung der Sonnenaktivität hat man die so genannte Sonnenfleckenrelativzahl R eingeführt. Bezeichnet g die Anzahl der Fleckengruppen, f die Gesamtanzahl aller Flecken, dann kann man die Relativzahl R wie folgt berechnen:

$$R = (10\,g + f)$$

Das heißt, man gewichtet eine Fleckengruppe mit dem Faktor 10. Gibt es also auf der Sonne 2 Fleckengruppen und insgesamt 20 Einzelflecken in diesen beiden Gruppen, dann hat man die Relativzahl 40. Diese Methode zur Bestimmung der Sonnenaktivität ist relativ ungenau, denn:

- verschiedene Beobachter zählen unterschiedlich viele Flecken,
- die Sichtbarkeit der Flecken hängt ab von der Güte des Teleskops, das heißt vom Auflösungsvermögen, also von der Teleskopöffnung, und
- schließlich wird die Sichtbarkeit der Flecken von der Luftunruhe in der Erdatmosphäre beeinflusst (diese wird mit dem Fachausdruck Seeing bezeichnet).

Trotzdem zählt man weiterhin Flecken zur Bestimmung der Sonnenaktivität, da es derartige Aufzeichnungen seit etwa 400 Jahren gibt. Meist zeichnet man die Flecken händisch auf ein Blatt Papier und bestimmt dann die Relativzahl. Dies geschieht an verschiedenen Observatorien weltweit und die endgültige Relativzahl ist dann ein Mittelwert aus all den Beobachtungen. Das Originalinstrument, mit dem man die Relativzahl bestimmte, war ein Instrument mit

*Sonnenflecken*

8 cm Öffnung und 64 cm Brennweite. Dabei muss man noch bedenken, dass die Fleckenzahlen der einzelnen Tage stark schwanken weil ja die Sonne rotiert. Deshalb gibt es seit 1749 so genannte Monatsmittel.

Was sind nun die Flecken? Zu Galileis Zeiten glaubte man noch an um die Sonne ziehende Planeten, an Vulkane auf der Sonne oder an Löcher in der Sonnenoberfläche.

Bei genauerer Betrachtung eines Flecks zeigt sich, dass er aus einem dunklen Kern, der Umbra besteht, umgeben von einer filamentartigen Penumbra. Flecken erscheinen deshalb dunkel, weil sie kühler sind, die Temperaturen betragen:

Umbra: 4000 Grad,
Penumubra: 5600 Grad,
Photosphäre der Sonne: 6000 Grad.

Sie sind also im Kern (Umbra) um ca. 2000 Grad kühler als die Sonnenoberfläche.

Für die Lebensdauer der Flecken gilt: Je größer sie sind, desto länger leben sie. Kleine Flecken (auch Poren genannt) existieren nur wenige Tage, große Gruppen hingegen mehrere Wochen.

Zum Verständnis der Natur der Sonnenflecken wie der gesamten Sonnenaktivität wollen wir kurz einen Ausflug in das Gebiet der Spektroskopie unternehmen. Zerlegt man das weiße Sonnenlicht durch ein Glasprisma, so zerfällt es in die einzelnen Spektralfarben: violett – blau – grün – gelb – orange – rot. Genau dies passiert z.B. auch bei einem Regenbogen. Das Sonnenlicht wird hier durch fein verteilte Wassertröpfchen zerlegt.

Bei genauerer Betrachtung dieser Lichtzerlegung in einem Spektroskop sieht man, dass im Sonnenspektrum dunkle Linien eingebettet sind. Das sind so genannte Absorptionslinien. Aus diesen Linien kann man Folgendes ablesen:

1. Welche chemischen Elemente auf der Sonne vorkommen.
2. Wie hoch dort die Temperaturen sind.
3. Aus der Dopplerverschiebung einer Linie gegen die Laborwellenlänge die dort herrschenden Materiebewegungen.

Die dunklen Linien im sichtbaren Sonnenspektrum nennt man auch nach ihrem Entdecker (vor etwa 150 Jahren) Fraunhoferlinien.

1894 wollte der Holländer Zeeman herausfinden, ob Licht, das Atome aussenden, von Magnetfeldern beeinflusst wird. Er untersuchte dabei die gelbe Natriumlinie. Gibt man z.B. Kochsalz in eine Flamme, dann leuchtet diese intensiv gelb. Im Sonnenspektrum

**Aus den Linien im zerteilten Sonnenlicht (Spektrum) kann man auf die chemische Zusammensetzung, die Temperatur und auf Geschwindigkeiten auf der Sonne schließen.**

Der Spalt eines Spektrographen liegt über einem Sonnenfleck. Die Spektrallinien zeigen in diesem Bereich eine Aufspaltung durch die starken Magnetfelder in den Flecken.

tritt diese Linie in Absorption auf, erscheint also dunkel. Ihr Licht wird sozusagen aus dem Sonnenlicht herausgefiltert. Zeeman erkannte, dass diese Linie durch Magnetfelder in eng nebeneinanderstehende Einzellinien aufgespalten wird.

Untersucht man ein Spektrum der Sonnenflecken, so sieht man, dass Spektrallinien im Bereich der Flecken aufgespalten sind. Also gibt es in den Sonnenflecken sehr starke Magnetfelder. Dies wurde nur wenige Jahre nach der Entdeckung Zeemans von Hale gefunden.

Der Betrag der Aufspaltung einer Linie hängt ab von der Stärke des Magnetfeldes und der Wellenlänge der Strahlung. Beim so genannten normalen Zeeman-Effekt spaltet die Linie in Komponenten auf. Dies hängt allerdings von der Blickrichtung des Beobachters zu den Feldlinien ab:

Longitudinaler Zeeman-Effekt: Beobachter blickt in Richtung der Feldlinien. Man beobachtet 2 Komponenten der aufgespaltenen Linie.

Transversaler Zeeman-Effekt: Beobachter blickt quer zu den Feldlinien. Hier hat man 3 Komponenten, eine unverschobene und 2 verschobene Komponenten.

Aus diesen Betrachtungen sehen wir: Durch Beobachtung der Aufspaltung der Spektrallinien können wir genau sagen, wie die Richtung des Magnetfeldes zum Beobachter ist.

Es kommt beim Zeeman-Effekt auch zu einer Polarisation des Lichtes: Beim longitudinalen Effekt sind die beiden verschobenen Komponenten links- und rechtszirkular polarisiert. Beim transversalen Effekt sind die verschobenen Komponenten senkrecht zur Feldrichtung polarisiert, die unverschobene Komponente ist in Richtung des Feldes polarisiert. Meist sind die Magnetfelder zu schwach, um direkt die Aufspaltung messen zu können, und man benutzt diese Polarisationseffekte.

Die schwächsten Magnetfelder, die man durch die Zeeman-Aufspaltung nachweisen kann, haben etwa 100 Gauß (zum Vergleich: Die Feldstärke des Erdmagnetfeldes hat 0,5 Gauß). In Extremfällen treten in Sonnenflecken Feldstärken bis zu 4500 Gauß auf!

Ein Magnetogramm der Sonne enthält nun alle Magnetfelder der Sonnenscheibe, wobei die einzelnen Farben unterschiedlichen magnetischen Polaritäten entsprechen. Wie wir aus dem Physikunterricht wissen, hat jeder Magnet 2 Pole: Einen Nordpol (N) und einen Südpol (S). Es zeigt sich nun, dass 91 % aller Fleckengruppen bipolare Gruppen sind, das heißt sie haben einen N- und einen S-Pol. Mit Hilfe der oben genannten Gesetze der Zeeman-Aufspaltung kann man auch die Richtung des Feldes in Bezug auf den Beobachter angeben. Für Flecken in der Mitte der Sonnenscheibe gilt, dass ihr Feld genau in Richtung des Beobachters geht, man beobachtet daher 2 verschobene Komponenten. Die Feldlinien gehen rasierpinselartig auseinander in größeren Höhen in der Sonnenatmosphäre.

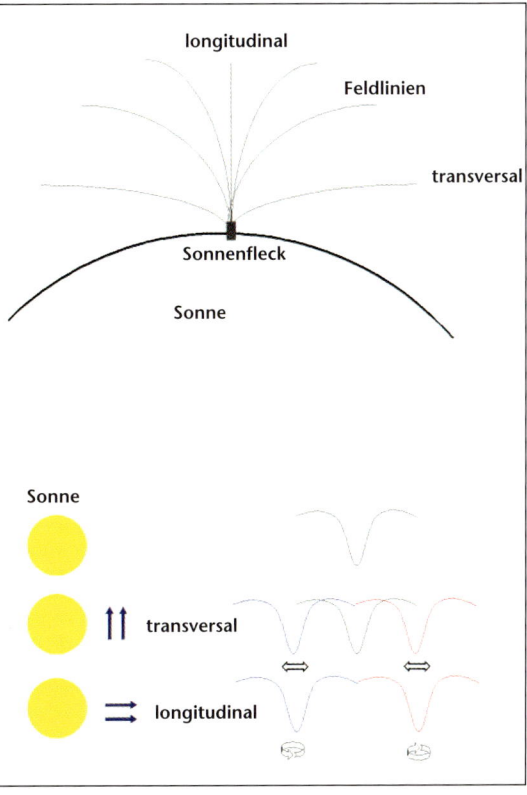

Das Magnetfeld eines Sonnenflecks geht rasierpinselartig nach oben auseinander (ganz oben). Je nachdem, wie der Beobachter zu den Magnetfeldlinien der Sonne blickt, werden Spektrallinien aufgespalten. Die schwarze Kurve im unteren Teil der Abbildung zeigt die unverschobene Linie, blau die nach Blau verschobene und rot die nach Rot verschobene Linie. Der Beobachter blickt auf der mittleren Skizze von oben auf die Sonne, auf der unteren von rechts auf die Sonne.

Weshalb sind Flecken kühler als die umgebende Photosphäre? Wie bereits erwähnt, erfolgt ab einer Tiefe von etwa 200 000 km der Energietransport vom Sonneninneren an die Oberfläche durch Konvektion: Heiße Materie steigt nach oben, kühlt sich ab, sinkt wieder nach unten usw. Durch die starken Magnetfelder in den Flecken wird dieser konvektive Energietransport behindert, es gelangt also weniger heiße Materie nach oben und deshalb sind die Flecken kühler.

## Brodelnde Sonnenoberfläche – die Granulation

Stellen Sie sich vor, sie erwärmen Wasser. Sobald es wirklich kocht brodelt es, heiße Gasblasen steigen nach oben, wir kennen dies schon als Konvektion. Genauso ist es bei der Sonne. Die Materie wird im Sonneninneren erhitzt durch das nukleare Feuer. Die Oberfläche der Sonne ist nicht gleichförmig (homogen): Bei ausgezeichneten atmosphärischen Beobachtungsbedingungen (also ruhiger Luft), sieht man ein zellförmiges Muster. Wegen des körnigen Aussehens dieser Struktur hat man dafür aus dem lateinischen die Bezeichnung Granulation gewählt. Erste Photographien der Granulation gibt es schon seit mehr als 100 Jahren. Man hat auch Ballons in die Stratosphäre der Erde geschickt, um die Luftunruhe weitgehend zu umgehen und so bessere Bilder der Granulation zu erhalten. Untersuchungen zeigen, dass die Granulen etwa 5–10 Minuten lang leben, bevor sie sich auflösen und neue auftauchen. Man hat also den Eindruck einer »brodelnden« Sonnenoberfläche. Am besten kann man die Granulation wieder anhand von Spektren untersuchen. Dann sieht man, dass Linien, die in den hellen Granulen entstehen, leicht nach blau verschoben sind, während die Linien, die aus den dunklen intergranularen Zwischenräumen stammen, nach rot verschoben sind. Dies führt zu einem »verwackelten« Aussehen der Spektrallinien. Dieser Beobachtungsbefund gilt für Linien, die um die Mitte der Sonnenscheibe entstehen. Wir haben also hier Materiebewegungen zum Beobachter in den hellen Granulen (deshalb die Blauverschiebung) und vom Beobachter weg, also nach »unten« in das Sonneninnere in den dunkleren intergranularen Räumen (deshalb die Rotverschiebung). Der mittlere Durchmesser einzelner Granulen liegt bei über 1000 km. Aus den Strahlungsgesetzen folgt, dass hellere Gebiete heißer sind. Damit ist das Rätsel der Granula-

*Die Granulation*

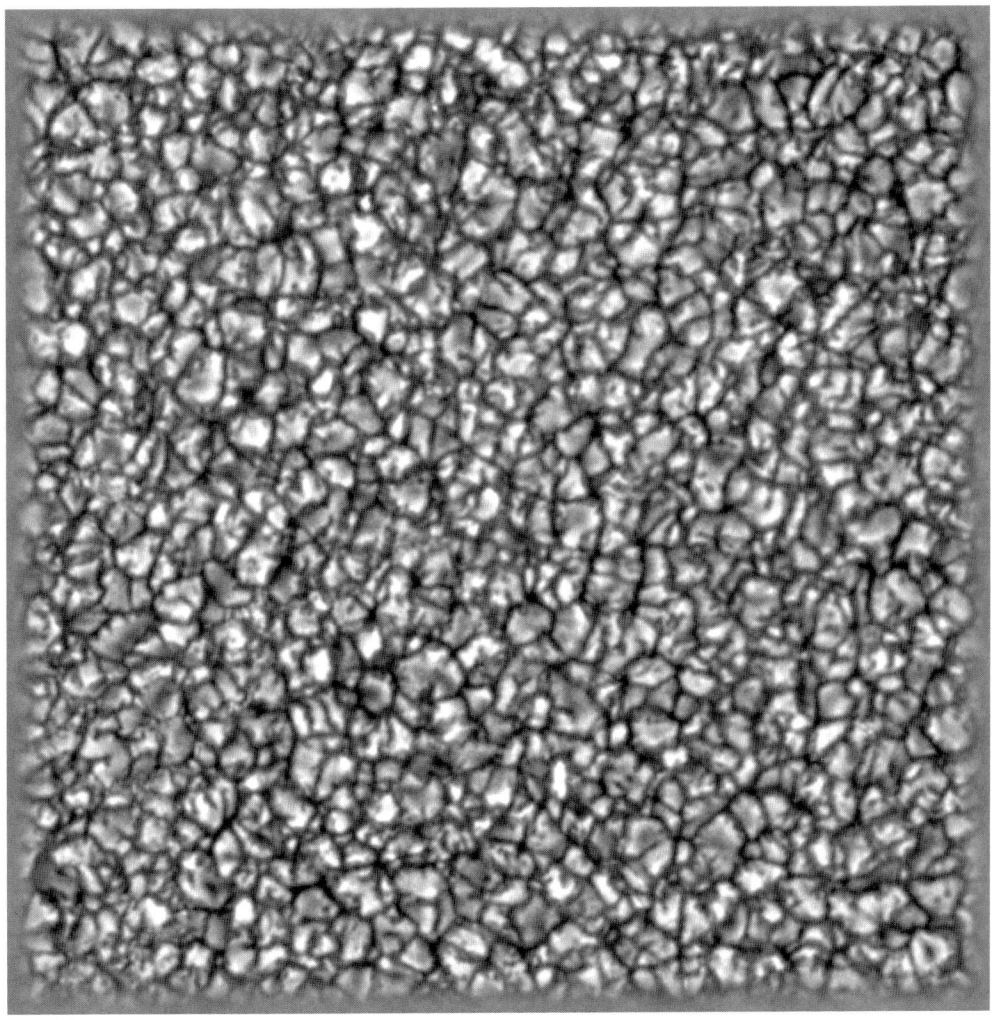

Granulation der Sonnenoberfläche. Jede der Zellen ist etwa so groß wie Österreich.

## Sonnenaktivität

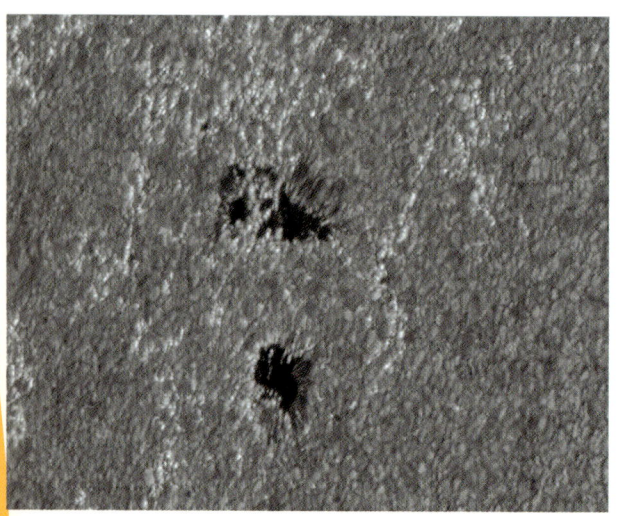

**Sonnenfackeln nahe dem Sonnenrand.**

## Helle Flecken und Sonnenfackeln

Sie sind, was ihre Erscheinung anbelangt, das Gegenteil der Flecken. Es handelt sich um größere Gebiete, die um bis zu 10 % heller sind als ihre Umgebung, das heißt sie sind heißer als die umgebende Photosphäre. Alle Flecken sind in größere Fackelgebiete eingebettet. Häufig sieht man auch Fackelgebiete ohne einen Fleck oder vor dem Auftauchen oder nach dem Verschwinden eines Flecks. Von diesem Standpunkt her sind Fackeln ein besseres Maß für die Sonnenaktivität. Ihre Ausdehnung kann bis zu 50 000 km betragen. Ihre Lebensdauer ist größer als die der Flecken: Bis zu mehreren Monaten.

Fackeln sieht man im sichtbaren Licht nur am Sonnenrand. Es muss sich also hierbei um Erscheinungen der oberen Sonnenphotosphäre handeln. Blickt man zum Sonnenrand, so sieht man in weniger tiefe Schichten als wenn man in die Sonnenmitte blickt. In Sonnenmitte sieht man also in tiefere und somit heißere Schichten, da die Sonnentemperatur nach innen rasch zunimmt. Diesen Effekt bezeichnet man als Randverdunkelung.

Sehr gut sieht man Fackelgebiete im Bereich der an die Photosphäre angrenzenden Chromo-

tion gelöst: In den hellen heißen Granulen steigt die Materie mit Geschwindigkeiten von 1 km/s auf, kühlt sich ab und sinkt dann in den dunkleren intergranularen Räumen wieder nach unten. Die Granulen sind um etwa 300 Grad heißer als die intergranularen Bereiche.

Erinnern wir uns an den Aufbau der Sonne. Ab einer Tiefe von etwa 200 000 km unter der Oberfläche setzt der Energietransport durch Konvektion ein: Heißes Plasma strömt nach oben, kühlt sich ab, sinkt nach unten, erwärmt sich wieder, steigt nach oben usw.

sphäre der Sonne und hier besonders im Licht der Wasserstofflinie H Alpha oder der Linie des einfach ionisierten Calciums CaI (so genannte H- und K-Linie).

Die für die Sonnenbeobachtung extrem wichtige Linie H Alpha entsteht folgendermaßen. Das Wasserstoffatom besteht aus einem positiv geladenen Proton, umkreist von einem negativ geladenen Elektron. Dieses Elektron kann den Kern aber nicht in beliebigen Bahnen umkreisen, sondern es gibt genau festgelegte Bahnen mit bestimmten Abständen vom Kern. Dabei bezeichnet die so genannte Hauptquantenzahl den Abstand des Elektrons vom Kern. Will man ein Elektron von einer tieferen auf eine höhere Bahn bringen, muss man Energie aufwenden. Umgekehrt wird diese Energie in Form von Strahlung wieder frei, wenn das Elektron von einer höheren Bahn auf eine tiefere springt. Diese Linie ist im Roten gut sichtbar.

Gebiete, die im Licht der roten Wasserstofflinie hell leuchten, sind mit Magnetfeldern verbunden. Die oberhalb der Photosphäre gelegene Sonnenchromosphäre konnte man früher nur kurz nach Beginn und knapp vor Ende einer totalen Sonnenfinsternis beobachten. Dann erscheint der Sonnenrand farbig und daher die Bezeichnung Chromosphäre.

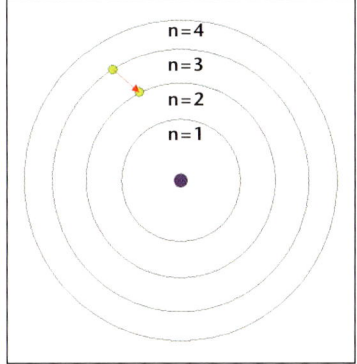

Elektronenbahnen im Wasserstoffatom. Beim Übergang von der dritten auf die zweite Schale entsteht die Wasserstofflinie H Alpha.

## Nach außen wird es heiß: Chromosphäre und Korona

Am besten definiert man die Chromosphäre der Sonne durch ihre Temperatur. Auf der Sonnenoberfläche beträgt die Temperatur etwa 6000 Grad. Diese Temperatur nimmt innerhalb der Photosphäre ab, und in etwa 500 km Höhe hat man ein Temperaturminimum von nur 4200 Grad. Dies bezeichnet den Beginn der Chromosphäre. Hier zeigt sich, dass die Temperatur wieder stark zunimmt. Die Dicke der Chromosphäre beträgt einige 10 000 km und an deren Obergrenze hat man eine Temperatur von 100 000 Grad. Diese Zone nennt man auch Übergangsschicht in die darüber liegende Korona. In der Korona betragen die Temperaturen mehrere Millionen Grad.

# Sonnenaktivität

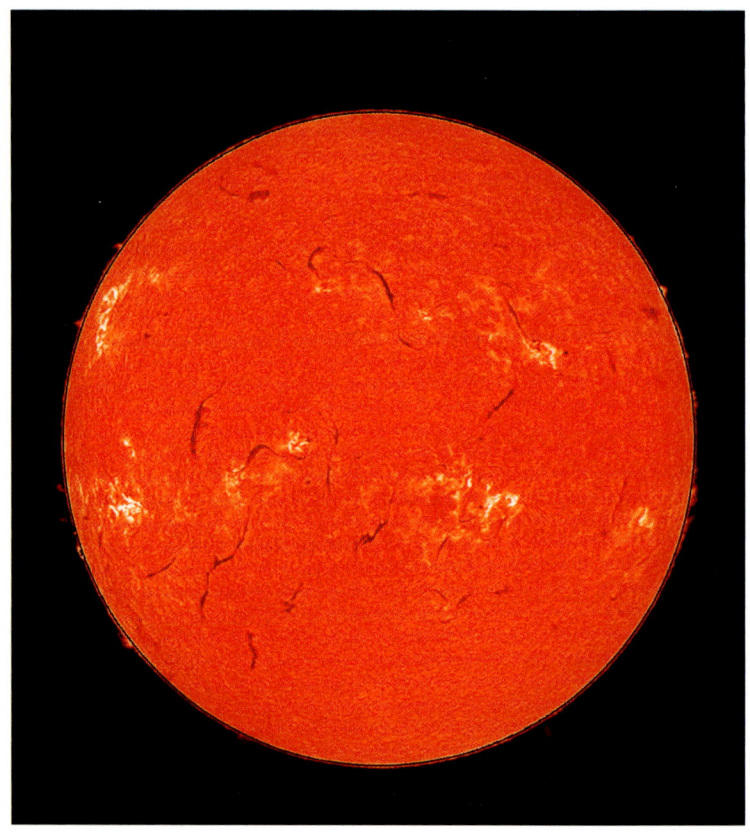

Bild der Sonne im Lichte der Wasserstofflinie H Alpha. Am Rande erkennt man Protuberanzen, die als dunkle, langgezogene Filamente auf der Sonnenscheibe ebenfalls sichtbar sind.

Natürlich erhebt sich sofort die Frage, wie es zu solch hohen Temperaturen kommt, insbesondere deshalb, weil man ja erwarten würde, dass die Temperatur, je weiter man sich von der Sonnenoberfläche entfernt, einfach abnimmt. Damit haben wir eines der großen Rätsel der Sonnenphysik angeschnitten: die Temperaturzunahme auf mehrere Millionen Grad in der Korona.

Der Kern der oben angeführten Wasserstofflinie H Alpha entsteht in einer Höhe von 1500 km. An dieser Stelle ein kurzer Einschub aus der Physik. Bei den hohen Temperaturen der Chromosphäre und vor allem der Korona bewegen sich die Atome sehr schnell gegeneinander, stoßen zusammen und verlieren ein oder mehrere Elektronen, sie werden ionisiert. Diese Ionisation,

*Chromosphäre und Korona*

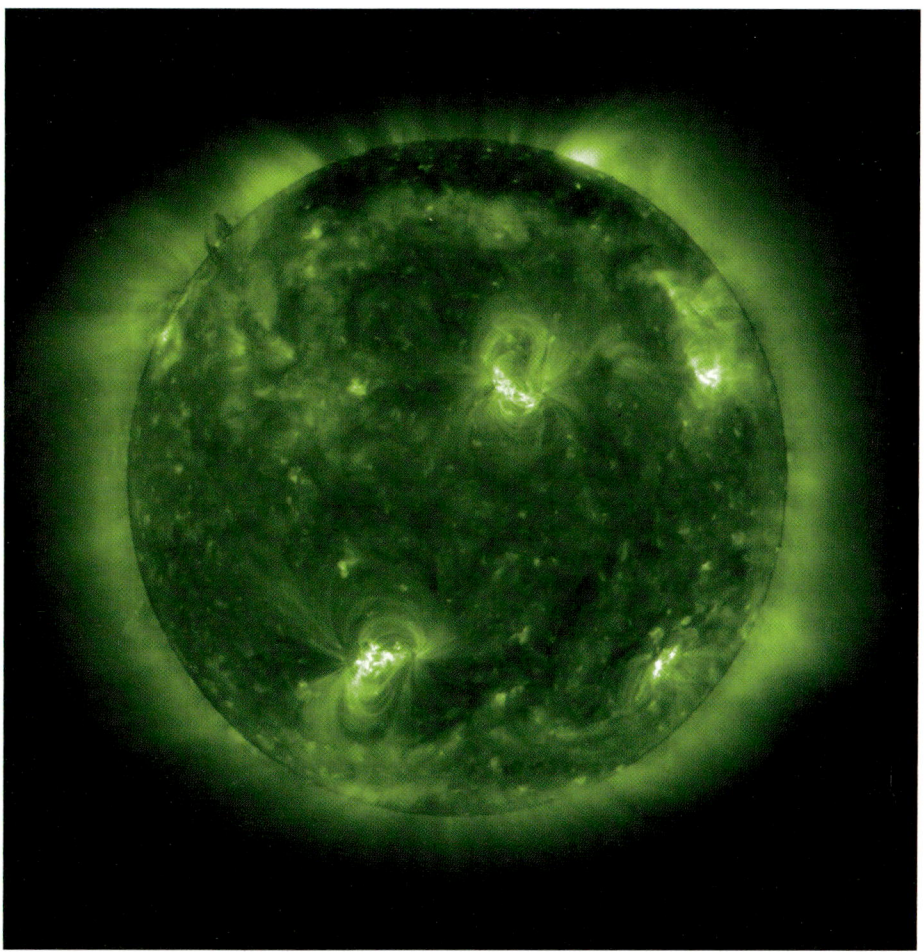

**Bild der Korona im Lichte hochionisierten Eisens im extremen UV-Bereich. Man erkennt die hohen Schichten der Sonnenatmosphäre sowie gewaltige Protuberanzen (Aufnahme SOHO).**

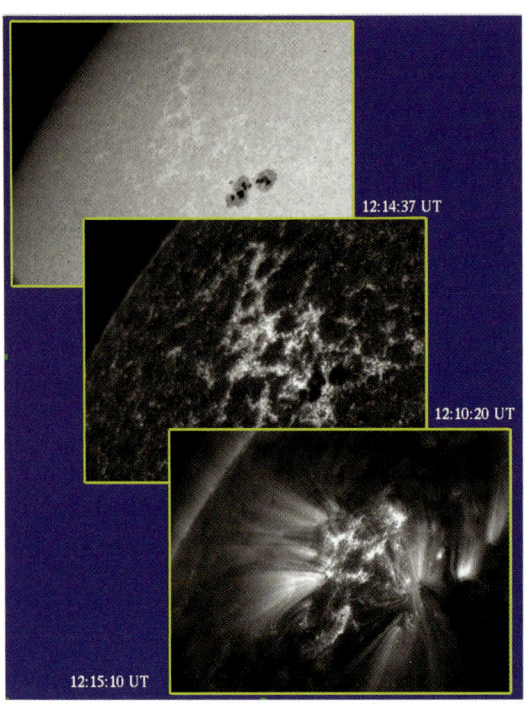

Aufnahme eines Sonnenflecks vom Sonnensatelliten TRACE im weißen Licht, im UV-Licht (1600 Ångström = 160 nm) sowie im Röntgenlicht, in dem die höheren Schichten der Korona sichtbar werden, in denen die Materie durch die Magnetfelder auf bogenförmige Bahnen geleitet wird.

also die Abtrennung von einem oder mehreren Elektronen, erfordert hohe Energien und kommt daher bei hohen Temperaturen vor. Man hat im Spektrum der Korona Linien gefunden, die mit keinem irdischen Element vergleichbar waren. Deshalb nahm man an, es gibt in der Sonne ein uns auf der Erde unbekanntes chemisches Element. Heute wissen wir, dass die Atome in der extrem heißen Korona mehrere Elektronen verloren haben, also mehrfach ionisiert sind und so uns auf der Erde unbekannte Spektren zeigen. So z.B. kann das Element Eisen in der heißen Sonnenkorona bis zu 13 Elektronen verlieren. Dies erfordert hohe Energien (also kurze Wellenlängen) und man kann z.B. die Chromosphäre nur im kurzwelligen UV-Licht beobachten bzw. die Korona bei noch kürzeren Wellenlängen bis hin zum Röntgenlicht. Da derartige Strahlung durch die Erdatmosphäre absorbiert wird (z.B. das UV in der Ozonschicht), kann man Beobachtungen der Korona und der Chromosphäre nur außerhalb der Erdatmosphäre mit Satelliten machen. Die kurzwellige Strahlung der Sonne kommt also aus der Chromosphäre bzw. Korona.

Eine andere Möglichkeit der Beobachtung dieser Schichten stellen Sonnenfinsternisse dar. Früher musste man also warten, bis es zu einer totalen Finsternis kommt, um die Korona zu beobachten, da sie nur sehr schwach leuchtet im sichtbaren Bereich. Die Materie ist extrem dünn. Heute kann man in einem Koronographen künstliche Finsternisse erzeugen: Man blendet das Sonnenlicht ab und sieht dann bei ausgezeichneten Beobachtungsbedingungen die Korona.

Blickt man zum Rand der Sonnenscheibe im Licht der Wasserstofflinie H Alpha, dann sieht man Materieausbrüche, die Protuberanzen. Die Bezeichnung stammt aus dem Lateinischen, »protubare« = anschwellen, hervortreten. Solche Protuberanzen hängen häufig mit Aktivitätsgebieten zusammen.

## Sonnenaktivität im 11-Jahres-Rhythmus

Die Anzahl der Sonnenflecken, Fackeln, Protuberanzen sowie die Form der Korona ändern sich in einem etwa 11-jährigen Rhythmus, das ist der Aktivitätszyklus der Sonne. Alle 11 Jahre beobachten wir daher sehr viele Flecken, Fackeln usw. Sonnenflecken kommen nicht überall auf der Sonne vor. Am Beginn eines Zyklus treten sie in hohen Breiten auf der Sonne auf, gegen Ende des Zyklus nähern sie sich dem Äquator.

Die Hauptzonen der Protuberanzen stimmen etwa mit denen der Sonnenflecken überein, das heißt sie wandern mit dem Fleckenzyklus äquatorwärts. Zu Beginn eines neuen Zyklus erscheinen sie in hohen Breiten ähnlich wie die Flecken. Dann gibt es noch die Nebenzonen oder polaren Zonen. Sie treten kurz vor dem Minimum bei 50° heliographischer Breite auf und wandern dann polwärts. Man unterscheidet zwischen langlebigen ruhenden oder stationären Protuberanzen und aktiven Protuberanzen. Die ruhenden Protuberanzen haben Lebensdauern von Monaten bis zu 1 Jahr. Da die Sonne nicht wie ein starrer Körper rotiert, sondern differenziell (also am Äquator schneller als an polnahen Gebieten), werden sie immer parallel zum Sonnenäquator gerichtet. Sie stehen oft brückenpfeilerartig mit der Chromosphäre in Verbindung in Höhen zwischen 15 000 und 120 000 km. Bei den aktiven Protuberanzen kann es während Minuten zu wesentlichen Formveränderungen kommen. Es gibt dabei eine große Zahl verschiedener Phänomene: Loops (Bögen), in denen die Materie den bogenförmigen Magnetfeldlinien folgt, koronaler Regen, wenn die Materie nach einer Eruption regenartig aus der Korona auf die Oberfläche zurückströmt, Sprays, in denen die Materie mit einigen 1000 km/s in Höhen bis weit über 1 000 000 km

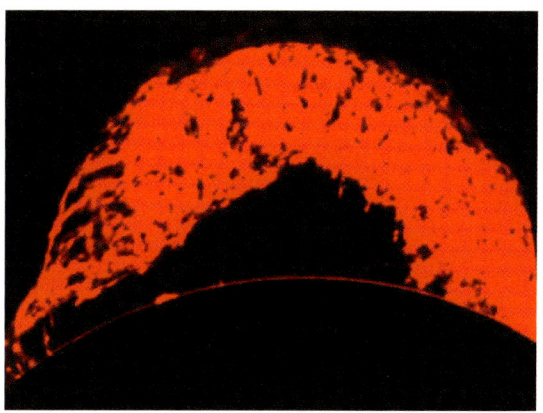

Riesige Sonnenprotuberanz vom 28.6.1945 (Aufnahme HAO, USA).

Während an der Sonnenoberfläche eine Temperatur von 6000 Grad herrscht, nimmt die Temperatur in der darüber liegenden Chromosphäre und Korona bis auf mehrere Millionen Grad zu. Dies ist eines der großen Rätsel der Sonnenphysik.

aufsteigt usw. Protuberanzen sieht man nicht nur am Sonnenrand, sondern auch im Wasserstofflicht H Alpha auf der Sonnenscheibe als dunkle längliche Gebilde, die man Filamente nennt.

Aus der Beobachtung der Sonnenkorona bei totalen Sonnenfinsternissen wusste man, dass ihre Form vom Aktivitätszyklus abhängt. Zur Zeit des Fleckenmaximums ist sie rund um die Sonnenscheibe ausgeprägt und die Strahlen sind unregelmäßig, beim Minimum ist sie in langen Strahlen ausgeprägt, die sich beiderseits der Sonnenscheibe am Äquator erstrecken. An den Polen erkennt man kurze radiale Strahlen. Im Röntgenlicht sieht man die Koronalöcher, das sind etwas kühlere und damit dunkle Gebiete. Kühl ist hier aber relativ. Auch in den Koronalöchern beträgt die Temperatur noch mehr als 1 Million Grad. Die Temperatur der Korona beträgt etwa 2 Millionen Grad, in Aktivitätsgebieten bis zu 5 Millionen Grad.

In den Sonnenflares kommt es zu intensiven Strahlungsausbrüchen. Sie strahlen im Bereich der Röntgen- und Gammastrahlen bis hin zu Radiowellen. Daneben aber senden sie auch hochenergetische Teilchen aus.

## Die Radiosonne

Southword und Hey fanden 1942 zum ersten Mal, dass die Sonne Radiowellen aussendet. Dabei unterscheidet man eine immer vorhandene »ruhige« Radiostrahlung der Sonne, eine sich langsam mit dem Sonnenaktivitätszyklus ändernde, sowie Strahlungsausbrüche, deren Häufigkeit ebenfalls vom Aktivitätszyklus abhängt. Sehr häufig treten bei größeren Flares so genannte Radiobursts auf, das sind Strahlungsausbrüche im Radiobereich.

Oft kommt es zu Plasmaschwingungen in der Korona, die durch einen vom Flare ausgehenden Strom schneller Elektronen angeregt werden. In einem Plasma kann es nur Schwingungen geben bis zur Plasmafrequenz. Ein Plasma ist ein hochionisiertes Gas, das heißt ein Großteil der Atome hat mindestens 1 Elektron verloren. Das kann aber nur bei hohen Temperaturen erfolgen. Ein Plasma kann nun durch folgenden Prozess zu Schwingungen angeregt werden: Im Großen gesehen ist das aus negativen Elektronen und positiven Ionen bestehende Plasma elektrisch neutral. Durch eine äußere Kraft können aber die Ladungen getrennt werden. Dies führt zu Raumladungen und damit zu elektrischen Feldern. Es entsteht eine

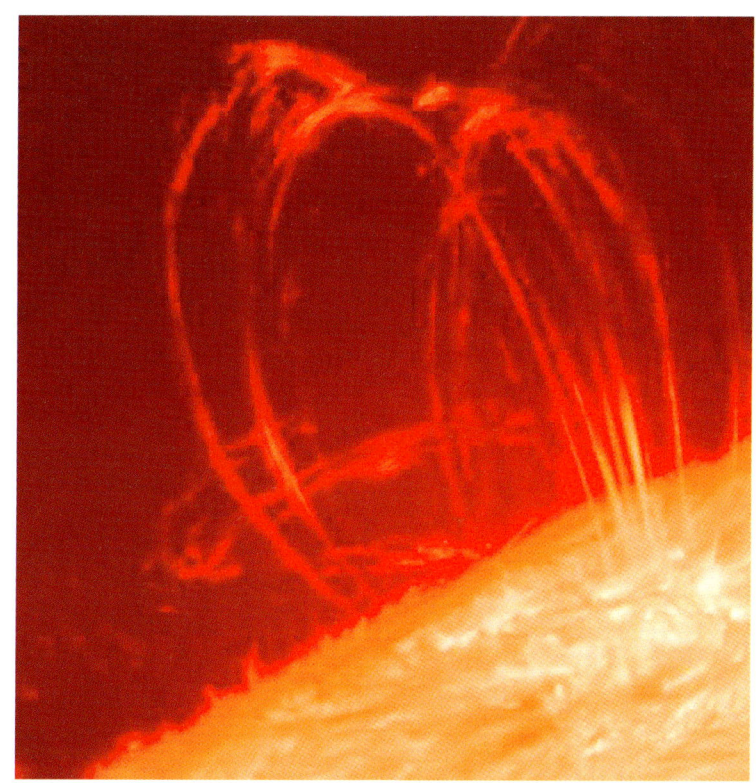

Materiebögen in der Korona. Die Materie folgt den magnetischen Feldlinien.

Röntgenbild der Sonne (Aufnahme des Röntgensatelliten YOHKOH). Die dunklen Gebiete (Koronalöcher) sind kühler.

rücktreibende Kraft und eine Schwingung bildet sich aus. Die Frequenz hängt ab von der Elektronendichte. Je höher diese ist, desto größer ist die Frequenz.

Es zeigt sich, dass Strahlung mit einer Frequenz kleiner als die Plasmafrequenz nicht austreten kann, weil es zu einer Reflexion kommt. Diese Plasmafrequenz hängt von der Elektronendichte ab. Da die Elektronendichte nach oben hin in der Sonnenatmosphäre stark abnimmt, hat man in tieferen Schichten Strahlung höherer Frequenz als in höheren. Je nach Radiofrequenz sehen wir daher verschiedene Schichten in der Sonnenatmosphäre. Wollen wir tief in die Sonnenatmosphäre hineinblicken, müssen wir mit Radiostrahlung höherer Frequenzen beobachten, also eine Tomographie der Sonnenatmosphäre machen.

Die Beobachtung der Sonne im Radiobereich ermöglicht die Erforschung von Vorgängen in der Korona, auch von erdgebundenen Stationen aus, da Radiowellen ungehindert durch die Erdatmosphäre hindurchgehen.

## Hinter allem: das Magnetfeld

Ein berühmter Astrophysiker sagte einmal: »Hätte unsere Sonne kein Magnetfeld, wäre sie ein völlig uninteressanter heißer Gasball«. Aus der Physik kennt man sicher noch das Beispiel eines Stabmagneten: Die magnetischen Feldlinien verlaufen vom magnetischen Nordpol zu magnetischen Südpol. Was passiert mit derartigen Feldlinien auf der Sonne? Wie bereits mehrfach erwähnt, rotiert unsere Sonne differenziell. Äquatornahe Gebiete rotieren rascher. Der Astronom Scheiner beschrieb 1630 die differenzielle Sonnenrotation. Am Sonnenäquator beträgt die Rotationsperiode 25 Tage, bei heliographischer Breite von 40 Grad jedoch 27 Tage und bei einer Breite von 70 Grad bereits 30 Tage. Man gibt als Mittelwert die siderische Rotationsperiode für die Fleckenzone von

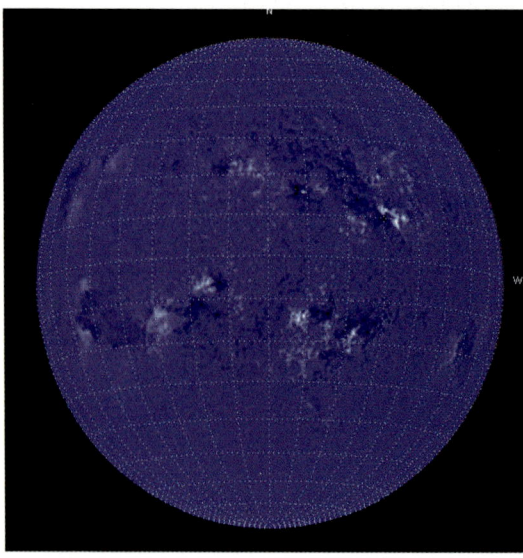

Ein Magnetogramm zeigt die Magnetfelder auf der Sonne, wobei die unterschiedlichen Polaritäten mit verschiedenen Farben bezeichnet werden. Sonnenflecken treten häufig als bipolare Gruppen auf, daher hell und dunkel eingefärbte Magnetfelder. Man sieht auch, wie die Aktivitätsgebiete beiderseits des Sonnenäquators angeordnet sind.

25,4 Tagen an. Da sich die Erde um die Sonne dreht im selben Sinn wie die Sonne rotiert, ist die synodische Periode länger, sie beträgt 27,3 Tage. Diese synodische Rotationsperiode ist wichtig für alle Beziehungen zwischen Sonne und Erde (solar-terrestrische Beziehungen).

Bei relativ hohen Plasmadichten muss das Magnetfeld der Bewegung der Materie folgen. Man spricht auch von eingefrorenen Feldlinien. Dies hat zur Folge, dass die anfangs von N nach S laufenden Feldlinien durch die differenzielle Sonnenrotation auseinandergezogen werden. Diese Aufwicklung und Zusammendrängung der Feldlinien hat eine Feldverstärkung zur Folge. Es bilden sich magnetische Flussröhren, die durch den magnetischen Auftrieb nach oben gelangen. Schließlich durchstoßen sie die Photosphäre und an den Durchstoßpunkten bildet sich eine bipolare Fleckengruppe mit je einem magnetischen Nord- und Südpol. Wichtig ist, dass die Flussröhren nicht wie bei der Erde durch das Sonnenzentrum gehen. Damit kann man also gut erklären, warum Aktivitätsgebiete auf der Sonne zu Beginn eines Zyklus in hohen heliographischen Breiten vorkommen und dann im Laufe des Zyklus zum Maximum hin in Richtung Äquator wandern. Dort ist das Maximum der Sonnenaktivität, weil die Feldlinien am dichtesten gedrängt sind. Alle der Rotation vorangehenden Flecken (p-Flecken) nördlich des Sonnenäquators haben dieselbe Polarität und südlich des Äquators die entgegengesetzte Polarität. Nach einem 11-jährigen Zyklus dreht sich das ganze um: Dann haben auf der Nordhalbkugel die p-Flecken die Polarität der der Rotation nachfolgenden f-Flecken und auf der Südhalbkugel entsprechend. Dieser magnetische Zyklus wird auch als Hale-Zyklus bezeichnet und er beträgt das 2fache des Aktivitätszyklus, also 22 Jahre.

Das eingefrorene Magnetfeld im Plasma wickelt sich also am Äquator auf, doch wie kommt es zur Umpolung des Magnetfeldes? Dafür verantwortlich ist wieder einmal die Konvektion. Nach oben strömende konvektive Zellen enthalten kleine poloidale Feldkomponenten (also von N nach S laufende Feldlinien) und viele solcher Zellen verursachen dann die Umkehrung. Den ganzen Vorgang zur Er-

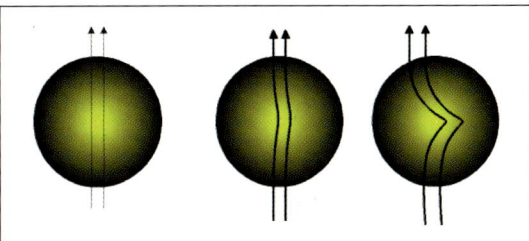

Durch die differenzielle Rotation werden die Magnetfeldlinien am Sonnenäquator aufgewickelt und verstärkt.

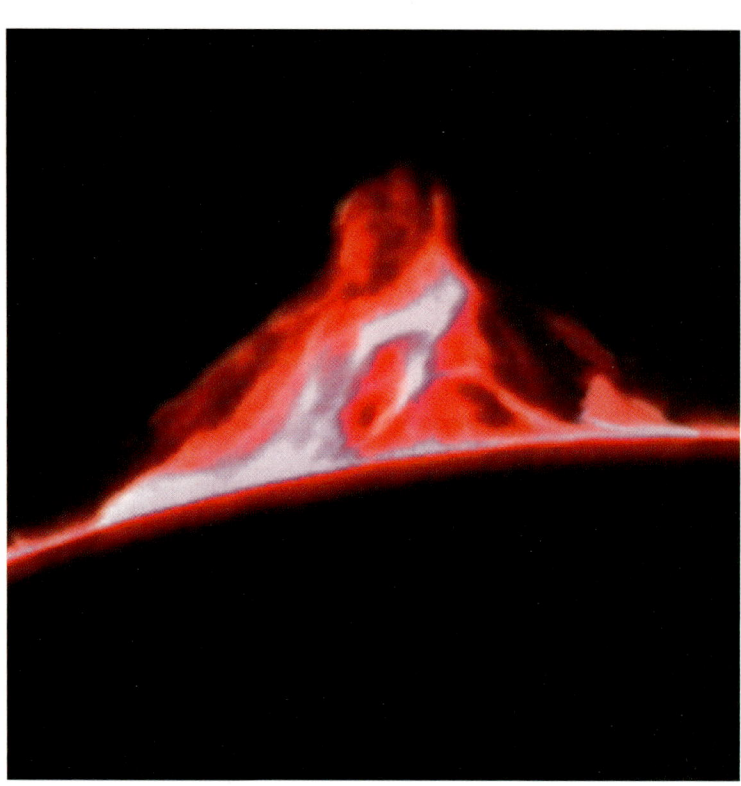

Protuberanz am Sonnenrand, aufgenommen während einer totalen Sonnenfinsternis am 19.7.92.

klärung der Sonnenaktivität nennt man Sonnendynamomodell. Der Sonnendynamo erzeugt also laufend sich abwechselnde Magnetfelder und entsteht durch:
• Differenzielle Sonnenrotation und
• Konvektion.

Das legt nahe, auch bei anderen Sternen einen stellaren Aktivitätszyklus anzunehmen, wenn diese eine äußere Konvektionszone besitzen und rotieren. Die differenzielle Rotation gilt für alle nicht starren Körper.

Zu den heftigsten Erscheinungen der Sonnenaktivität gehören die erwähnten Sonnenflares sowie koronale Massenauswürfe (engl. CME, **C**oronal **M**ass **E**jection). Die dabei ausgehende Strahlung bzw. Teilchenströme erreichen die Erde und beeinflussen viele Vorgänge, spielen daher ein Schlüsselrolle bei den solar-terrestrischen Beziehungen. Sie sind immer mit Änderungen der Magnetfeldkonfiguration verbunden. Wir werden darauf im nächsten Kapitel zu sprechen kommen.

Zum Schluss dieses Kapitels noch kurz die Frage nach der Regelmäßigkeit des Aktivitätszyklus. Rein mathematisch gesehen genügen wenige Gleichungen, um einen Sonnendynamo zu beschreiben. Dieses Gleichungssystem kann man nun in Bezug auf sein nicht-lineares Verhalten studieren. Was man darunter versteht, ist leicht erklärt. Es gibt Gleichungssysteme, die Vorgänge in der Natur beschreiben und die bei einem gewissen Grenzwert eines sie charakterisierenden Parameters chaotisch werden: Eine kleine Störung genügt, um ein völlig unvorhersagbares Verhalten zu liefern. Rein mathematisch betrachtet ist der Sonnendynamo an der Grenze zu einem chaotischen Verhalten. Chaotisches Verhalten wurde erstmalig von Lorenz entdeckt, der ein Gleichungssystem aufstellte, um Konvektion in der Erdatmosphäre zu beschreiben. Überspitzt formuliert: Bereits der Flügelschlag eines Schmetterlings in Peking genügt, um in Hamburg ein Unwetter mit Sturm auszulösen. Deshalb ist auch ein langfristige Wettervorhersage unmöglich. Die folgenden Kapitel werden zeigen, ob es Phasen veränderter Sonnenaktivität gegeben hat und welche Auswirkungen diese auf die Erde und deren Klima hatten.

*Zusammenfassung: Es gibt zahlreiche Erscheinungen der sich mit einer Periode von 11 Jahren ändernden Sonnenaktivität. Sonnenflecken, Flares, Protuberanzen usw. hängen immer mit Magnetfeldern zusammen. Bei den Sonnenflecken unterbinden sie den Energietransport durch Konvektion nach oben, sodass die Flecken kühler sind und somit dunkel erscheinen. Bei den Flares finden Umkonfigurationen des Magnetfeldes statt, wobei gewaltige Energiemengen freigesetzt werden. Die Form der Protuberanzen und der Strukturen in der Korona (koronale Massenauswürfe, CMEs) wird durch die Magnetfeldlinien bestimmt.*

*Sonne und Erdklima – ein Zusammenhang*

# Sonne und Erdklima

## ein Zusammenhang?

Heute kann man die Intensität der Sonnenaktivität durch Auswertung der Auswirkungen bis weit in die Vergangenheit zurückverfolgen.

*Aufzeichnungen über die Sonnenflecken, die allgemein als Maß für die Sonnenaktivität angesehen werden, gibt es seit der Erfindung des Fernrohrs.*

# Flecken und die Eiszeit

Im 17. bzw. 18. Jahrhundert waren die Beobachtungen der Sonnenaktivität nicht von hoher Qualität, weil die Optik der damaligen Fernrohre noch sehr schlecht war (z.B. vermutete man damals, dass der Planet Saturn elliptisch sei, weil man seinen Ring nicht vom Planeten unterscheiden konnte), dennoch geben diese Aufzeichnungen Hinweise. Der englische Astronom Maunder hat sich um 1890 mit diesen Aufzeichnungen beschäftigt. Damals war bereits der 11-jährige Aktivitätszyklus der Sonne bekannt und Maunder wollte herausfinden, wie konstant dieser Zyklus eigentlich sei bzw. ob die einzelnen Maxima/Minima gleich hoch sind oder unterschiedlich ausfallen. Dabei machte Maunder eine äußerst interessante Entdeckung: Zwischen 1645 und 1705 gab es praktisch eine fleckenlose Sonne. Interessanterweise fällt diese Periode mit der Regierungszeit Ludwig XIV, des Sonnenkönigs, zusammen. Also scheint unsere Sonne doch nicht so konstant zu sein: Einerseits ändert sich ihre Aktivität mit einer Periode von etwa 11 Jahren, andererseits aber kann es offenbar auch Phasen geben, wo sie überhaupt nicht aktiv ist. Die von Maunder gefundene Periode extrem geringer Sonnenaktivität bezeichnet man als Maunder-Minimum. Da von der Sonnenaktivität auch andere Phänomene wie z.B. Nordlichterscheinungen auf der Erde abhängen, hat man diesen Zeitraum mit Berichten

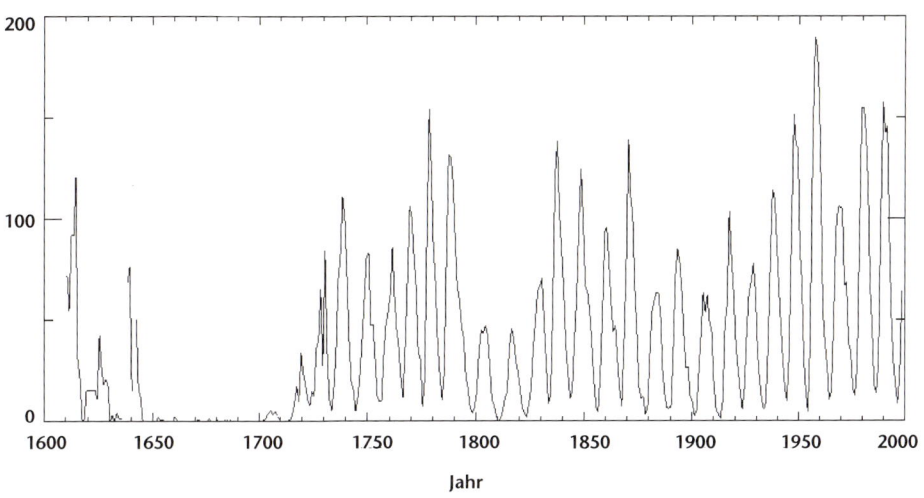

Sonnenfleckenrelativzahlen. Man erkennt deutlich Perioden verminderter Sonnenaktivität (insbesondere das Maunder-Minimum zwischen 1650 und 1700).

## Sonne und Erdklima – ein Zusammenhang?

Die Ausdehnung der Gletscher auf der Erde unterliegt starken Schwankungen. Im Foto der Morteratschgletscher, Graubünden/Schweiz.

von Nordlichterscheinungen verglichen, und dabei zeigte sich ebenfalls, dass es praktisch keine Vermerke über solche Beobachtungen gibt.

Ungefähr zur selben Zeit untersuchte der Astronom Douglass durch Zufall die Breite von Jahresringen bei gefällten Bäumen in Arizona. Dabei stellte er fest, dass die einzelnen Ringe nicht gleich dick waren. In den Wachstumsringen zeigte sich eine 11-jährige Periode. Zwischen 1645 und 1705 verschwand diese jedoch; Ringe aus dieser Zeit schienen schmal und von gleicher Dicke zu sein. Douglass konnte jedoch die damalige Fachwelt nicht überzeugen. Außerdem waren seine Datenreihen zu kurz. Heute glaubt man eine 22-jährige Periode, die also mit dem magnetischen Sonnenaktivitätszyklus einhergeht, gefunden zu haben.

Die Frage ist nun, ob dies auch praktische Auswirkungen haben könnte. Es mussten etwa 100 Jahre vergehen, bis der Astronom Eddy sich wieder mit dem Maunder-Minimum beschäftigte: Er verglich den von Maunder gefundenen Zeitraum mit Wetterbeobachtungen aus jener Zeit. Dabei stellte sich überraschenderweise heraus, dass das Maunder-Minimum mit der so genannten kleinen Eiszeit in Mitteleuropa und Nordamerika zusammenfällt. Während der kleinen Eiszeit waren vor allem die Winter in den genannten Gebieten extrem kalt. Es wird berichtet, dass die Themse mehrmals zugefroren war. Die baltischen Häfen froren wesentlich früher zu, als in normalen Wintern. Temperaturaufzeichnungen in London und Paris zeigten eine Abweichung von –1 Grad von den normalen Temperaturen an. Somit haben wir den Zusammenhang: Mehr Flecken bedeutet Erwärmung, weniger Flecken bedeutet Abkühlung. Allerdings war klar, dass nur längere Perioden mit deutlich weniger Flecken eine Abkühlung bedeuten können.

Nach all dem, was wir über Sonnenflecken wissen, klingt dieser Zusammenhang seltsam. Flecken sind um etwa 1000 Grad kühler als die 6000 Grad heiße Sonnenoberfläche und eigentlich müsste der Zusammenhang genau umgekehrt sein: je mehr Flecken, desto kühler. Aber man muss die Sonnenaktivität als Ganzes messen: Im vorigen Kapitel haben wir gezeigt, dass es neben den Flecken auch Fackeln gibt, das sind Gebiete, die heller und damit heißer sind als die normale Sonnenoberfläche. Insgesamt überkompensieren diese Fackeln das Strahlungsdefizit der Flecken: je mehr Flecken desto mehr Fackeln, und desto mehr strahlt die Sonne ab.

Langfristig gesehen ist also der Sonnenaktivitätszyklus keineswegs konstant. Können wir das noch weiter in die Vergangenheit verfolgen?

## Die Sonnenaktivität in der Vergangenheit

Neben Strahlung sendet die Sonne auch elektrisch geladene Teilchen aus. Aber nicht nur die Sonne, sondern auch andere Quellen außerhalb des Sonnensystems bombardieren die Erde mit Teilchen. Aus dem Kern der Galaxis oder bei Supernovaexplosionen kommen Teilchen mit hoher Energie. Hätte die Erde kein Magnetfeld, dann würden diese ungehindert auf die Erdoberfläche auftreffen und es wäre niemals eine Entwicklung des Lebens möglich gewesen. Das Magnetfeld der Erde schützt uns hauptsächlich vor den solaren Anteilen dieser so genannten kosmischen Strahlung.

Für den Schutz vor der hochenergetischen kosmischen Strahlung, die von außerhalb des Sonnensystems kommt, ist unsere Sonne selbst verantwortlich: Wie wir bereits gesehen haben, sind alle Phänomene der Sonnenaktivität mit dem Aufbau und der Vernichtung von Magnetfeldern auf der Sonne erklärbar. Die Sonne selbst hat also auch ein sehr weit ausgedehntes Magnetfeld, das sich weit in den Raum zwischen den Planeten erstreckt. Dieses Magnetfeld schützt uns weitgehend von der hochenergetischen kosmischen Strahlung. Man bezeichnet den Bereich, den das Sonnenmagnetfeld einnimmt und innerhalb dessen ein Schutz vor der hochenergetischen kosmischen Strahlung gegeben ist auch als Heliosphäre. Sobald man mit einem Raumschiff diesen Bereich verlässt, wird es für die Astronauten sehr gefährlich.

Die Sonne ist aktiv, die Sonnenaktivität die mit dem Sonnenmagnetfeld verknüpft ist, ändert

Magnetfelder der Sonne bilden die Heliosphäre und schützen uns vor hochenergetischer kosmischer Strahlung. Zu Zeiten starker Sonnenaktivität gelangen weniger hochenergetische Partikel auf die Erde.

*Sonne und Erdklima – ein Zusammenhang?*

Die Photosynthese führt zur Anreicherung der Erdatmosphäre mit Sauerstoff. Danach konnte sich erst die schützende Ozonschicht bilden.

Das Blattgrün (Chlorophyll) befähigt die Pflanzen zur Photosynthese.

sich; daher ist es nicht verwunderlich, dass sich entsprechend auch die Dichte des interplanetaren Magnetfeldes ändert. Bei großer Sonnenaktivität ist es ausgedehnter, bei geringer weniger stark. Bei geringer Sonnenaktivität kommen daher mehr Teilchen der kosmischen Strahlung mit hoher Energie in die Erdatmosphäre. Diese reagieren mit Gasen der oberen Atmosphäre. Es entstehen so genannte Sekundärteilchen und Neutronen. Stößt nun ein Neutron mit einem Stickstoffatom $^{14}$N zusammen, dann bildet sich das Kohlenstoffisotop $^{14}$C. Unsere Pflanzen nehmen durch die Photosynthese Kohlendioxid auf und geben Sauerstoff ab. In diesem Kohlendioxid ist aber bei geringer Sonnenaktivität vermehrt $^{14}$C enthalten. Anhand von Messungen dieses Kohlenstoffisotops in den Geweben von Bäumen und anderen Pflanzen kann man bestimmen, wie hoch die Sonnenaktivität war! Allerdings ist das Ganze zeitlich verzögert: Erst 20 Jahre nach einem Aktivitätsminimum der Sonne messen wir eine erhöhte $^{14}$C-Konzentration.

Es sei noch erwähnt, dass diese Methode mit einigen Schwierigkeiten behaftet ist. Das Magnetfeld der Erde ist nicht konstant. Es wird durch einen ähnlichen Dynamoprozess, wie wir ihn bei der Sonne kennengelernt haben, hervorgeru-

*Minima und Maxima*

| Periode | Zeitraum gemäß $^{14}$C-Messungen | Tatsächlicher Zeitraum | Amplitude der $^{14}$C-Messungen |
|---|---|---|---|
| Modernes Maximum | 1800–? | 1780–? | ? |
| Maunder-Minimum | 1660–1770 | 1640–1710 | –1,0 |
| Spörer-Minimum | 1420–1570 | 1400–1510 | –1,1 |
| Mittelalterl. Maximum | 1140–1340 | 1120–1280 | 0,8 |
| Mittelalterl. Minimum | 660–770 | 640–710 | –0,7 |
| Römisches Maximum | 1–140 | 20–80 | 0,7 |
| Griech. Minimum | 440–360 v. Chr. | 420–300 v. Chr. | –2,1 |
| Homer. Minimum | 800–580 v. Chr. | 820–640 v. Chr. | –2,0 |
| Ägypt. Minimum | 1400–1200 v. Chr. | 1420–1260 v. Chr. | –1,4 |
| Stonehenge-Maximum | 1850–1700 v. Chr. | 1870–1760 v. Chr. | 1,3 |
| Pyramiden-Maximum | 2350–2000 v. Chr. | 2370–2060 v. Chr. | 1,1 |

Perioden von unterschiedlicher Sonnenaktivität und deren Auswirkungen auf die Amplitude von $^{14}$C-Messungen, d.h. den Anteil von $^{14}$C am Gesamtkohlenstoff.

fen: ein Zusammenwirken zwischen Erdrotation und konvektiven Bewegungen im flüssigen Erdkern. Deshalb kommt es zu Polumkehrungen des Erdmagnetfeldes. Während dieser Polumkehrungen hat man Perioden, in denen das Erdmagnetfeld sehr schwach ist, und damit kommen auch die energieärmeren Anteile der kosmischen Strahlung, welche von der Sonne stammen, in die Erdatmosphäre und erhöhen die $^{14}$C-Produktion.

Ein anderer Störfaktor kommt von weit außerhalb des Sonnensystems: Im Jahre 1054 n. Chr. beobachteten chinesische Astronomen einen Stern, der so hell war, dass er auch am Tageshimmel gesehen werden konnte. Nach einigen Monaten verschwand der Stern wieder. Heute sehen wir an genau dieser Stelle einen Gasnebel, der sich rasch ausdehnt. Es handelt sich dabei um den Überrest des 1054 explodierten Sterns. Wir sprechen von einer Supernovaexplosion. Massereiche Sterne fallen am Ende ihres Sternenlebens, wenn der gesamte Brennstoffvorrat für die Kernfusion verbraucht ist, in sich zusammen, die äußeren Hüllen werden aber weggeschleudert. Übrig bleibt ein winziger Stern: Betrug die Ausdehnung des Sternes vorher mehrere Millionen km, so ist er nach der »Supernovaexplosion« nur mehr etwa 10 km groß. Im Fall der hier beschriebenen Explosion handelt es sich um einen Neutronenstern.

Die Tabelle S. 63 zeigt den Zusammenhang zwischen Sonnenaktivitätsänderungen und der $^{14}$C-Konzentration.

Aus der Tabelle S. 63 sehen wir, dass es neben dem Maunder-Minimum, welches in den $^{14}$C-Daten zeitverzögert auftritt, noch weitere längere Perioden stark verminderter oder stark erhöhter Sonnenaktivität gegeben hat. Vor dem Maunder-Minimum gab es das Spörer-Minimum. Das so genannte Mittelalterliche Maximum zwischen 1140 und 1340 war eine Periode deutlich erhöhter Sonnenaktivität. Berichte aus dieser Zeit sprechen von einem sehr warmen Klima auch im Norden Europas und in Grönland (Wikinger!).

Manche Forscher glauben neben dem 11-jährigen Zyklus einen 89-jährigen Zyklus gefunden zu haben, den Gleissberg-Zyklus.

Suchen wir noch nach weiteren Indikatoren für die Sonnenaktivität. Die Polarregionen befinden sich nahe den Polen des Erdmagnetfeldes. An diesen Stellen müsste daher der Einfluss der kosmischen Strahlung am größten sein. In den verschiedenen Eisschichten findet man nahezu unverschmutzte Ablagerungen aus vergangenen Epochen. Ein anderer wichtiger Indikator neben dem $^{14}$C-Isotop für die kosmische Strahlung ist das Berylliumisotop $^{10}$Be. Auch dieses entsteht durch die Wechselwirkung der kosmischen Strahlung mit Stickstoff und Sauerstoffatomen in der hohen Erdatmosphäre. Es hat den Vorteil, dass es nur 2 Jahre in der Erdatmosphäre bleibt. Andererseits hat man den Nachteil, dass die nachweisbare Menge von den Niederschlägen abhängt. Untersuchungen der $^{10}$Be-Häufigkeit während des Maunder-Minimums zeigten deutlich, dass auch dann die Sonnenaktivität nicht gänzlich verschwindet, sondern nur sehr stark reduziert ist. In Polareisbohrungen kann man die $^{10}$Be-Konzentration über 100 000 Jahre lang zurückverfolgen. Wieder hat man den Zusammenhang: Perioden hoher Sonnenaktivität = geringe $^{10}$Be-Konzentration, da die $^{10}$Be-Produktion vom Einfall energiereicher Neutronen in der Atmosphäre gesteuert wird. Man hat Bohrungen aus Grönland mit Bohrungen aus der Antarktis verglichen und eine gute Übereinstimmung gefunden, auch mit der $^{14}$C-Konzentration. Während der letzten 1000 Jahre hat es also offenbar mehrere Minima gegeben.

Die von der Sonne kommenden Teilchen bewegen sich entlang der Erdmagnetfeldlinien und wenn sie auf Sauerstoff und Stickstoffatome treffen, dann bringen sie deren

*Klima und Atmosphäre*

Elektronen auf höhere Energie. Diese fallen aber wieder zurück und dabei entsteht Strahlung, die man in Form einer spektakulären Nordlichterscheinung sieht. Da wie gesagt die Teilchen bevorzugt an den Polen eintreten, weil sich hier die magnetischen Pole befinden, von denen die Feldlinien ausgehen, spricht man von Nord- oder Polarlichtern (in der südlichen Hemisphäre hat man dann das Südlicht). Damit ist auch klar, dass die Anzahl und Stärke der Polarlichter von der Sonnenaktivität gesteuert wird. Man hat deshalb in alten Quellen (darunter auch der Bibel) nach Berichten über solche Erscheinungen gesucht. Die erste Aufzeichnung über eine Nordlichterscheinung stammt von chinesischen Astronomen aus dem Jahre 2600 v. Chr. Auch in den Erzählungen von Livius und Dionysos findet man Berichte über Nordlichterscheinungen zwischen 464 und 459 v. Chr. In mittleren Breiten erscheinen Nordlichter rötlich und deshalb kann man sie am Horizont leicht mit Feuern verwechseln. Während des Maunder-Minimums hat man praktisch keine Nordlichter beobachtet.

Polarlichterscheinung, in unseren Breiten nur bei starker Sonnenaktivität zu sehen (zuletzt im April 2000).

## Erdklima und Erdatmosphäre

Unsere Erde ist vor etwa 4,5 Milliarden Jahren kurz nach der Bildung der Sonne entstanden. Ähnlich wie die Riesenplaneten Jupiter oder Saturn hatte sie eine mächtige Schicht aus Wasserstoff und Helium, die den felsigen und aus Metallen bestehenden Kern umhüllte. Diese Schicht ging jedoch verloren, da die Erdanziehungskraft zu gering war, um diese Gase dauerhaft zu halten.

Zunächst war die Erdkruste flüssig, die schwereren Elemente sanken nach unten ab und bildeten den dichten Erdkern. Bei Vulkanausbrüchen wurden große Mengen an Gasen wie Stickstoff, Ammoniak, Kohlenmonoxid, Methan, Kohlendioxid und Wasserdampf frei. Es bildete sich die Uratmosphäre. Diese war aber lebensfeindlich.

Im weiteren Verlauf kühlte die Erde immer mehr ab, und als die Oberflächentemperatur unter 100 °C fiel, konnte der Wasserdampf in der Erdatmosphäre kondensieren: Es fiel Regen und die Ozeane bildeten sich. In diesen Gewässern entstanden organische Moleküle durch UV-Strahlung und elektrische Entladungen, die sich zu immer komplexeren Verbindungen zusammenschlossen. In Tiefen von mehr als 10 m konnte die UV-Strahlung nicht vordringen und dort bildeten sich die ersten primitiven Zellen. Vor etwa 3 Milliarden Jahren beherrschten die ersten Lebensformen den Prozess der Photosynthese. Dabei werden aus Kohlendioxid und Wasser unter Ausnutzung der Energie der Sonnenstrahlen Sauerstoff und Kohlenwasserstoffe gebildet, aus denen komplexe organische Stoffe aufgebaut werden (Zucker, Stärke usw.).

Wichtig ist dabei für uns, dass der frei werdende Sauerstoff in die Erdatmosphäre gelangt. Die UV-Strahlung der Sonne erzeugt aus Sauerstoff Ozon. Dadurch kann die lebensfeindliche, schädliche UV-Strahlung nicht bis zur Erdoberfläche gelangen. Vor etwa 400 Millionen Jahren (im späten Silur-Zeitalter der Erdgeschichte) betrug der Gehalt an Sauerstoff etwa 10 % und die ersten Pflanzen konnten das Land besiedeln. 30 Millionen Jahre später, in der Devon-Zeit gab es bereits riesige Wälder und der Sauerstoffgehalt stieg noch stärker an. Im späten Devon treten dann die ersten Landtiere auf (Gliederfüßer und Amphibien).

Die heutige Atmosphäre enthält 78,09 % Stickstoff, 20,95 % Sauerstoff und 0,93 % Argon. Der Gehalt an Kohlendioxid beträgt etwa 0,03 %. 4 % des Atmosphärenvolumens bestehen aus Wasserdampf. Die Zusammensetzung der Erdatmosphäre ist bis zu 50 km Höhe gleichförmig. Wasserdampf kommt nur bis etwa 12 km Höhe vor (Troposphäre), in einer Höhe zwischen 15 und 35 km befindet sich die Ozonschicht.

Wasserdampf entsteht bei der Verdunstung über Gewässern und Meeren. Auch Pflanzen und Tiere geben Wasserdampf als Nebenprodukt ihrer Stoffwechselvorgänge ab. Der Wasserdampf steigt durch die Sonneneinstrahlung nach oben, kühlt sich in höheren Regionen der Troposphäre ab und bei Erreichen des Taupunktes beginnt der Wasserdampf an winzigen Teilchen in der Luft, den Kondensationskernen, zu kondensieren. So entstehen übrigens auch die Kondensstreifen von Flugzeugen, da die

*Die ersten Pflanzen in den Meeren erzeugten Sauerstoff, der umgewandelt in Ozon uns vor der kurzwelligen Sonnenstrahlung schützt. Erst danach war Leben auf dem Lande möglich.*

Verbrennungsprodukte der Motoren wie Kondensationskeime wirken. Nur bei extrem trockener Luft gibt es fast keine oder nur sehr kurze Kondensstreifen.

Als Wolken bezeichnet man große Konzentrationen dieser Wassertröpfchen (sie können bei Temperaturen von –40 Grad noch flüssig sein) und Eiskristalle. Die Cumulonimbus- oder Gewitterwolke kann zwischen ihrer dunklen Basis und ihrem meist amboßförmigen Scheitel eine Höhe von 4000 m und mehr erreichen und entsteht durch schnell aufsteigende Luftmassen.

Pro Jahr verdunsten 45 000 km$^3$ Ozeanwasser. Von diesem Betrag gehen etwa 11 % als Niederschlag an Land nieder. Etwa 80 % der Gesamtmasse der Erdatmosphäre sind in der Troposphäre enthalten, die über den Polen bis in 8 km, über den mittleren Breiten bis in 12 km und über dem Äquatorgürtel wegen der großen Erwärmung bis in 18 km Höhe reicht. Sie enthält den gesamten Wasserdampf und in ihr spielt sich das Wettergeschehen ab. Mit zunehmender Höhe fällt die Temperatur um etwa 6,5 Grad pro km ab. An der Obergrenze zur Tropopause beträgt die Temperatur etwa –57 °C, aber Schwankungen um bis zu 20 °C sind möglich. Oberhalb der Tropopause hat man die so genannte Stratosphäre. Zwischen Troposphäre und Stratosphäre wehen bandartige Sturmkanäle rund um die Erde. Die Windgeschwindigkeiten betragen bis 300 km/h. Unter Ausnutzung dieser Strömungen kann ein Verkehrsflugzeug bis zu 1 Stunde Flugzeit und 10 Tonnen Treibstoff einsparen, wenn es sich um Langstreckenflüge handelt. Die Stratosphäre, die die Ozonschicht enthält, erstreckt sich bis 50 km oberhalb der Erdoberfläche. In der unteren Stratosphäre ist die Temperatur konstant, an der Grenze zur Ionosphäre steigt sie auf 0 °C an. Die Ionosphäre teilt man ein in Mesosphäre (50–80 km) und Thermosphäre (80–500 km). In der Mesosphäre sinkt die Temperatur wieder auf –80 °C, danach steigt sie in der Thermosphäre bis etwa 200 km Höhe auf 1000 °C an

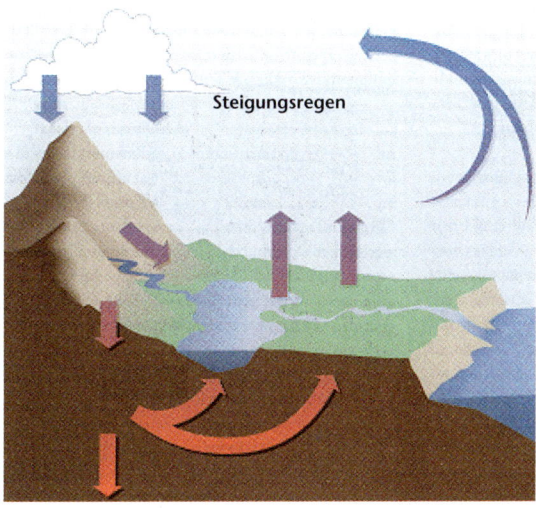

Wasserkreislauf, der zur Entstehung des Steigregens führt. Durch Verdunstung bilden sich Wolken, die sich an den Bergen stauen und schließlich abregnen. Ein Teil des Wassers geht in Flüsse und Seen, ein anderer Teil versickert als Grundwasser.

*Sonne und Erdklima – ein Zusammenhang?*

Durch die globale Erwärmung nehmen katastrophale Wettersituationen zu, wie z.B. das Auftreten verheerender Hurrikans (hier vor der Ostküste Floridas).

(wobei die Temperatur hier als Maß für die Bewegung der Moleküle verstanden werden muss, siehe auch Kapitel 2). In diesen hohen Schichten wir die Ionosphäre sowohl von kurzwelliger UV-Sonnenstrahlung als auch von Röntgenstrahlung der Sonne bombardiert, die die hier vorherrschenden Gase ionisieren. Neutrale Moleküle werden in elektrisch geladene Teilchen umgewandelt. Es kommt zu farbigen Leuchterscheinungen, den Polarlichtern, wenn der Sonnenwind die atmosphärischen Gase ionisiert. Dies ist vorwiegend an den Polen beobachtbar. Oberhalb 500 km beginnt dann die Exosphäre und ab 1000 km überwiegt die interplanetare Materie.

Betrachten wir noch kurz das Wetter. Wie bereits erwähnt, erwärmt die Oberflächenstrahlung der Erde, die wiederum von der Sonne abhängig ist, die unteren Atmosphärenschichten entlang des Äquators und es bildet sich durch die aufsteigende Luft eine andauernde Tiefdruckzone, die Kalmen, mit schwachen Winden. Die warme und leichte Luft breitet sich in der Höhe nach Norden und Süden aus und kühlt sich ab und bei 30 Grad nördlicher und südlicher Breite sinken die Luftmassen wieder nach unten und erzeugen die Rossbreiten, Zonen mit hohem Luftdruck. Auch in diesen Breiten gibt es nur schwache Winde. In den Rossbreiten liegen die großen Wüstengebiete der Erde, z.B. die Sahara. Von den Rossbreiten strömen dann Winde über die gesamte Erde: Zum Äquator hin sind es die Passatwinde, zu den Polen die Westwinde. Diese treffen auf die von den Polen her wehenden kalten Ostwinden. An den Polen hat man stets hohen Luftdruck. Wichtig für das Verständnis des Wettergeschehens auf der Erde ist der Wärmeaustausch zwischen den Polen und den Tropen. Die Winde wehen aber nicht direkt in nordsüdlicher Richtung, sondern werden durch die Corioliskraft (die durch die Rotation der Erde entsteht) abgelenkt. So entstehen z.B. in den gemäßigten Breiten der Nordhalbkugel die typischen Westwinde. Die Corioliskraft lenkt auch die Meeresströmungen ab.

Die Ortslagen der Tief- und Hochdruckgebiete ändern sich je nach Jahreszeit. Das Mittelmeergebiet gerät im Sommer in den Einflussbereich des stabilen Wetters der Rossbreiten.

Die astronomischen Anfänge der Jahreszeiten stimmen übrigens mit dem tatsächlichen Jahreszeitenverlauf nicht überein, da sich die Erdoberfläche nur langsam erwärmt bzw. abkühlt. Das Festland heizt sich rascher auf als das Wasser und kühlt dementsprechend auch schneller aus. So entstehen ebenfalls Winde.

Wir haben uns bisher kurz mit dem Wettergeschehen beschäftigt. Wichtig ist: Der Motor für diese Wettergeschehnisse ist immer die Sonneneinstrahlung.

## Ursachen für Klimaänderungen

Klimaänderungen hat es im Laufe der Erdgeschichte immer wieder gegeben, denken wir nur an die 4 großen Eiszeiten. Bevor wir auf den Einfluss der Sonne zu sprechen kommen, soll kurz aufgelistet werden, auf welche Weise Klimaänderungen zustande kommen können. Klimaänderungen können folgende Ursachen haben:

1. Plattentektonik: Die Kontinente der Erde schwimmen wie riesige Platten, die sich auf dem zähflüssigem Magma des Erdinneren gegeneinander bewegen. Während eines Großteils der Erdgeschichte waren die Kontinente so angeordnet, dass äquatoriale Meeresströmungen ungehindert um die gesamte Erde strömen konnten. Sie wurden daher stärker erwärmt, und die nach Norden und Süden abzweigenden Ströme waren ebenfalls warm. Somit wird während solcher Zeiten die Wärme vom Äquator gleichmäßiger zu den Polen abgeführt. Die Ozeane

*Sonne und Erdklima – ein Zusammenhang?*

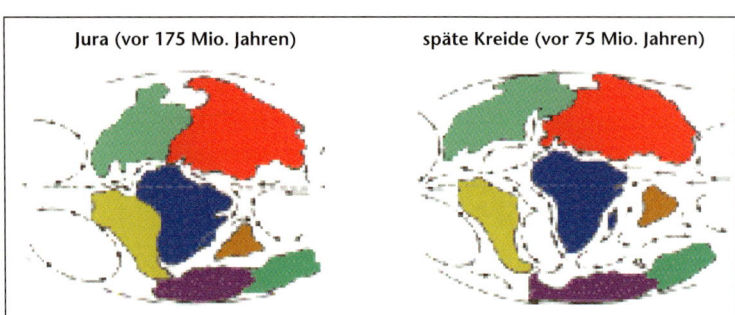

Die Lage der Kontinente zu verschiedenen Erdzeitaltern.

sind wärmer und es gibt mehr Luftfeuchtigkeit. Insgesamt ist daher die Erde wärmer und feuchter.

2. Atmosphärische bzw. ozeanische Zirkulation: Diese hängt mit der Plattentektonik zusammen und wurde unter 1. besprochen.
3. Gebirgsbildung (Orogenese): Berge und Hochplateaus haben einen großen Einfluss: Dort wo die Winde nach oben abgelenkt werden gibt es Regen, dahinter Trockenheit.
4. Änderungen der Erdbahn: Auf ihrer Bahn um die Sonne wird die Erde durch die Anziehung vor allem von den großen Planeten beeinflusst (Jupiter, Saturn). Dies bewirkt, dass sich die Erdbahn leicht ändert. Die Gezeitenwirkungen von Sonne und Mond bewirken die Präzession der Erdachse mit einer Periode von 26 000 Jahren. Weiterhin ändert sich durch die Schwerkrafteinflüsse der Planeten die

Schiefe der Ekliptik, d.h. die Neigung der Rotationsachse der Erde gegenüber ihrer Bahnebene um die Sonne. Die Ekliptik beträgt gegenwärtig etwa 23,5 Grad. Die Neigung der Erdachse schwankt zwischen 21,5 und 24,5 Grad mit einer Periode von 41 000 Jahren. Derartige Veränderungen bedingen eine Änderung des Kontrastes der Jahreszeiten für beide Hemisphären auf der Erde.

Die Exzentrizität e der Erdbahn ändert sich ebenfalls (vgl. Kapitel 2). Gegenwärtig beträgt sie $e = 0,0167$. Damit ergibt sich für das Perihel (Sonnennähe) eine Entfernung von 149 Millionen km und für das Aphel (Sonnenferne) von 152 Millionen km. Die Exzentrizität ändert sich um 0,5 % in einem 100 000-Jahres-Zyklus und um 6 % in einem 413 000-Jahre-Zyklus.

Der jugoslawische Mathematiker Milutin Milankovitch studierte

den Einfluss von sich ändernden Parametern der Erdbahn auf Klimaänderungen. Wenn man alle bekannten Daten zusammenfasst, dann erkennt man, dass zu den Eiszeiten die geographische Breite 60°N so wenig Sonneneinstrahlung empfangen hat wie die geographische Breite 80°N heute.
5. Treibhauseffekt: Wird unten gesondert diskutiert.
6. Änderungen der Sonneneinstrahlung: Wie wir gesehen haben, ist die Sonneneinstrahlung der treibende Motor allen Wetter- und Klimageschehens auf der Erde. Um daher verlässliche Prognosen über die zukünftige Klimaentwicklung geben zu können und insbesondere die Bedeutung des Treibhauseffektes und der allgemeinen Luftverschmutzung zu diskutieren, ist es notwendig, den Input von der Sonne genau zu kennen.

## Der Treibhauseffekt – droht die Klimakatastrophe?

Gegenwärtig sieht es so aus, als ob sich die Erde global erwärmen würde, und zwar um etwa 0,3 bis 0,6 °C seit 1860 (ab diesem Zeitpunkt hat man verlässliche Aufzeichnungen). Woher diese Erwärmung kommt, ist allerdings unklar. Ursachen könnten sein:
- Treibhausgase.
- Die Sonneneinstrahlung ändert sich.

Wir behandeln in diesem Abschnitt zunächst nur den Treibhauseffekt. Die Erwärmung ist nicht gleichförmig und betrifft eher die Nächte als die Tage. Aufzeichnungen in den nordöstlichen Bundesstaaten der USA ergaben, dass man heute etwa 11 frostfreie Abende pro Jahr mehr hat als vor 40 Jahren. Dies bedeutet, dass sich die Erwärmung eher auf die kalte Jahreszeit beschränkt, die Winter sind wärmer. Die 10 heißesten Jahre gab es in diesem Jahrhundert seit 1980! Die mittleren Gesamttemperaturen auf der Erde nahmen von 1920 bis 1940 stark zu, stagnierten dann und steigen seit 1970 wieder stark an. Wichtig sind hierbei natürlich die Treibhausgase, allen voran das Kohlendioxid $CO_2$.

Zunächst einmal soll festgehalten werden, dass die mittlere Temperatur auf der Erde ohne Treibhauseffekt nur –20 °C betragen würde und sich niemals Leben auf der Erde entwickelt hätte, weil es kein flüssiges Wasser gäbe. Die Sonneneinstrahlung allein reicht also nicht aus. Durch das in der Erdatmosphäre enthaltene $CO_2$ hat man, bedingt durch den Treibhauseffekt, etwa 16 °C mittlere Temperatur.

Sobald sich unsere Atmosphäre auch nur geringfügig erwärmt, tritt folgender Effekt auf: Eine globale Erwärmung um 1 Grad bedeutet, dass die Erdatmosphäre etwa 6 % mehr Wasserdampf enthält (warme Luft kann mehr Wasserdampf enthalten als kalte, deshalb beschlagen sich kühle Scheiben). Durch eine Erwärmung kommt es daher zu verstärktem Regen, lokalen Überflutungen, und andere Gebiete auf der Erde trocknen aus. Es gibt Anzeichen, dass sich die globale Niederschlagshäufigkeit im 20. Jahrhundert erhöht hat, allerdings hat man keine verlässlichen Wolkenaufzeichnungen. Eine größere Wolkenbedeckung könnte aber erklären, weshalb der Erwärmungseffekt vor allem in den Nächten und im Winter auftritt. Während des Tages vermindern Wolken die Sonneneinstrahlung durch Reflexion, während der Nacht verhindern sie die Abkühlung, indem sie die Wärmestrahlung der Erde zurückhalten. Das wichtigste Treibhausgas ist also der Wasserdampf.

Kohlendioxid, das zweitwichtigste Treibhausgas entsteht bei der Verbrennung von fossilen Brennstoffen. Methan ist ebenfalls ein Treibhausgas und wird durch Tierexkremente, aber auch durch großflächige Reisplantagen und Sümpfe freigesetzt sowie durch Brandrodungen in den Tropen. Es ist insofern von Bedeutung als es die Erdabstrahlung um das 60fache effektiver absorbiert als $CO_2$. Die Stickoxide, die z.B. bei der Kunstdüngeranwendung und durch die Industrie freigesetzt werden, können pro Molekül 270-mal mehr absorbieren als $CO_2$. Während alle anderen Treibhausgase auch natürlichen Ursprungs sind, entstehen die Fluorkohlenwasserstoffe nur anthropogen, d.h. durch den Menschen. Einige sind um das 1000fache effektiver als $CO_2$.

Um 1750 begann die Industrialisierung. Damals betrug der Gehalt an $CO_2$ 280 ppm (**p**arts **p**er **m**illion, d.h. 280 Moleküle pro Million Luftmoleküle). Bis heute hat der Gehalt um 30 % zugenommen auf 360 ppm. Sollte die $CO_2$-Emission während der nächsten 100 Jahre

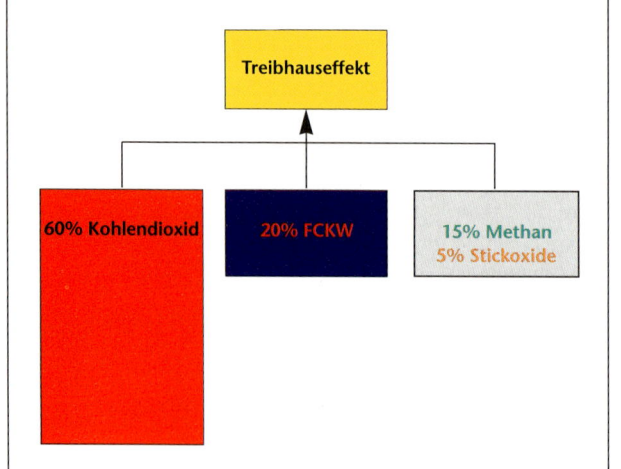

Anteil der Treibhausgase am Treibhauseffekt.

*Der Treibhauseffekt*

auf dem Niveau von 1994 bleiben, dann hat man um 2100 eine Konzentration von 500 ppm, d.h. eine Verdoppelung der Konzentration von 1740! Analysen aus Eisbohrungen zeigten, dass vor 20 000 Jahren der Gehalt an $CO_2$ nur 170 ppm betrug. Der Methangehalt hat sich durch die Industrialisierung mehr als verdoppelt, der Gehalt an Stickstoffdioxid hat um 8 % zugenommen.

Man nimmt an, dass zu 60 % der Gehalt an $CO_2$ den Treibhauseffekt bestimmt. Pro Jahr werden etwa 7 Milliarden Tonnen $CO_2$ in die Atmosphäre gebracht, davon allein 1–2 Milliarden Tonnen durch Abbrennen des Regenwaldes. Davon bleiben aber nur ca. 3 Milliarden Tonnen in der Atmosphäre, der Rest wird durch die Ozeane bzw. Organismen in den Ozeanen ausgefiltert. Einerseits nimmt die Bewölkung zu, andererseits werden die Wolken durch Industrie-Aerosole durchsichtiger (saurer Regen). Dies könnte den Treibhauseffekt um bis zu 20 % reduzieren. Ebenfalls gibt es Untersuchungen, dass Pflanzen unter erhöhtem $CO_2$-Gehalt rascher wachsen und damit durch ihre erhöhte Photosynthese den $CO_2$-Gehalt reduzieren. Dieser wird in Treibhäusern genutzt, in denen man einen $CO_2$-Gehalt von mindestens 600 ppm einstellt.

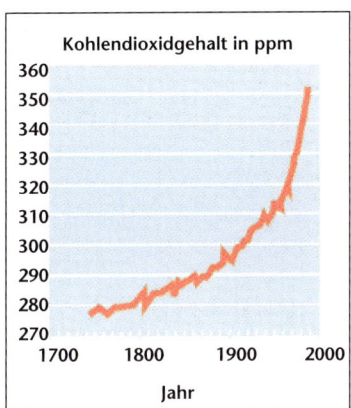

Kohlendioxidgehalt in der Erdatmosphäre.

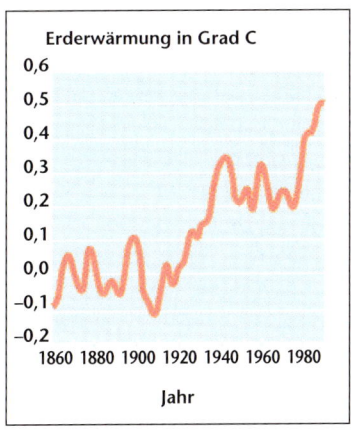

Globale Temperaturzunahme auf der Erde.

Insgesamt ergibt sich also das Szenario einer globalen Erwärmung, die bis zum Jahre 2100 zwischen 1 und 3,5 °C liegen dürfte, wenn nicht drastische Einschränkungen der Treibhausgasemission gemacht werden. Das Problem ist auch, dass sich diese Gase bis zu 100 Jahre in der Atmosphäre aufhalten können und daher sofortige dras-

Der Sonnensatellit SOHO, der in einer Erdtfernung von 1,5 Millionen km die Sonne rund um die Uhr überwacht. Durch starke Sonnenstürme können sich Satelliten elektrisch aufladen und Elektronik zerstört werden bzw. Computerprogramme abstürzen.

tische Maßnahmen erst allmählich Wirkung zeigen.

Ein weiterer Effekt der Treibhauserwärmung ist das Ansteigen des Meeresspiegels. Während dieses Jahrhunderts hat er sich um 10–40 cm gehoben. Dies geht einerseits auf das Schmelzen der Gletscher zurück, andererseits auch auf die Ausdehnung des Wassers auf Grund der Erwärmung. Man hat festgestellt, dass sich gegenwärtig der Meeresspiegel um 2 mm pro Jahr erhöht. Vorhersagemodelle liefern ein Ansteigen bis zum Jahr 2100 um 50 cm (die Prognosen liegen zwischen 15 und 90 cm). Ein Ansteigen um 50 cm würde gegenwärtig etwa 100 Millionen Menschen bedrohen.

## Bestimmt die Sonne unser Wetter?

Wie in den vorhergehenden Kapiteln gezeigt wurde, ist alles Wetter- und Klimageschehen auf der Erde von der Sonneneinstrahlung abhängig und daher stellt sich die berechtigte Frage, ob diese denn überhaupt auch kurzfristig, d.h. innerhalb von Tagen, Wochen und Monaten konstant ist und wenn nein, wie sich Änderungen der Sonneneinstrahlung auf das Klima auswirken. Kurz gesagt erhebt sich die Frage: Bestimmt die Sonne unser Wetter?

Wir kennen den 11-jährigen Aktivitätszyklus der Sonne. Besonders wichtig ist hier zu erwähnen, dass sich auch die kurzwellige Sonnenstrahlung besonders stark ändert, die man aber vom Erdboden aus nicht messen kann (Absorption von UV-Strahlung in der Ozonschicht, die Röntgenstrahlen werden noch weiter oben absorbiert in etwa 100 km Höhe). Messungen der solaren Gesamtstrahlung macht man daher am besten von Satelliten aus, da hier die störenden Einflüsse der Erdatmosphäre sowie lokale Einflüsse ausgeschaltet werden. Einer der zuletzt gestarteten Sonnensatelliten war SOHO (ein ESA/NASA-Gemeinschaftsprojekt), der im Jahre 1995 seine Mission begann und aus einer Entfernung von

*Sonne und Wetter*

Im Röntgenlicht sieht man die höheren Schichten der Sonnenatmosphäre: die Korona. Hier folgt die Materie den magnetischen Feldlinien. Magnetfelder sind verantwortlich für die Sonnenaktivität.

1,5 Millionen km von der Erde die Sonne rund um die Uhr überwacht.

Messungen ergaben, dass sich die Sonneneinstrahlung beim Auftreten vieler Sonnenflecken um bis zu 0,1 % ändern kann. Seit 1760 werden die Maxima der Sonnenaktivität laufend gezählt. 1979 hatte man das Maximum im 21. Zyklus, um Mitte 2000 wird das Maximum des 23. Zyklus eintreten. Dies wird statistisch eine globale Temperaturänderung von 0,2 °C auf der Erdoberfläche zur Folge haben. Allerdings ist es sehr schwierig, die kurzzeitigen Änderungen der solaren Einstrahlung mit Temperaturänderungen auf der Erde zu verbinden. Die Ozeane reagieren sehr träge und verzögert. Aber die Einflüsse sind klar belegt:

Eine Änderung der Sonneneinstrahlung um 0,1 % bedeutet eine globale Temperaturänderung auf der Erde um 0,2 Grad.

| Zyklus Nr. | Relativzahl | Maximum um |
|---|---|---|
| 19 | 201 | 1957 |
| 21 | 165 | 1979 |
| 22 | 159 | 1989 |

Die letzten 3 Maxima der Sonnenaktivität mit der Relativzahl als Maß für die Intensität.

## Sonne und Erdklima – ein Zusammenhang?

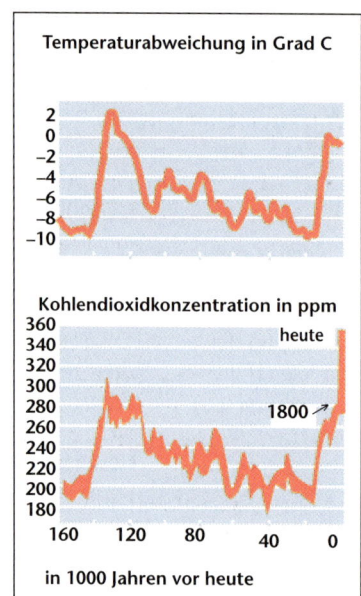

Temperaturentwicklung und Kohlendioxidgehalt während der letzten 160 000 Jahre.

Wir sehen aus der Tabelle auf S. 75, dass die Zyklen unterschiedlich hoch ausfallen. Der Zyklus Nr. 19 erreichte mit einer Relativzahl von 201 den bisher größten gemessenen Wert im Jahre 1957. Die Temperaturen auf der Erde ändern sich also mit dem 11-jährigen Aktivitätszyklus, aber es ist sehr schwierig, diese Änderungen von anderen Einflüssen zu trennen.

Die globale Temperaturerniedrigung während der kleinen Eiszeit betrug 0,45 °C. In einigen Gegenden kam es auch zur Erwärmung. Die Untersuchungen zeigen deutlich, dass schon kleine Änderungen der Sonneneinstrahlung zu einer globalen Erwärmung oder Abkühlung beitragen und man hat festgestellt, dass die Sonne seit 1860 mehr abstrahlt. Seit etwa 1900 nimmt die Sonnenaktivität zu, wenn man über die Zyklen mittelt. Das Maximum des Zyklus 23 im Jahre 2000 dürfte ebenfalls ziemlich hoch ausfallen. Damit trägt die Sonne zur globalen Temperaturerhöhung neben den besprochenen Treibhausgasen bei.

Labitzke und andere fanden den 10-12-Jahre-Zyklus (TTO, **t**en to **t**welve years **o**scillations) bei vielen atmosphärischen Parametern: Im Bereich der gesamten Nordhemisphäre sind die Juli- und Augusttemperaturen in der Troposphäre höher während der Sonnenaktivitätsmaxima und niedriger während der Minima. Allerdings ist es nicht sicher, ob dieser 11-jährige Zyklus tatsächlich von der Sonne gesteuert wird. Die Variation der solaren Irradianz während des 11-jährigen Zyklus dürfte zu gering sein, um diese Effekte auszulösen.

Betrachtet man nochmals die Temperaturkurve der Erde, dann sieht man einen Anstieg der Temperatur während der letzten 100 Jahre, allerdings zwischen 1940 bis 1970 eine Abkühlung. Wenn die Erwärmung nur auf den Treibhauseffekt zurückzuführen ist, dann kann man sich diese Abkühlphase nicht erklären. Vulkanische Aktivität scheidet ebenfalls aus, da die Erde während dieser Zeit vulkanisch relativ ruhig war. Die Sonnenphysiker Christensen und Lassen schlugen eine andere Theorie für die Erwärmung bzw. Abkühlung vor: eine Änderung der Länge des solaren Aktivitätszyklus. Lange Zyklen bedeuten eine Abkühlung, kurze eine Erwärmung. Zwischen 1940 und 1970 war die Länge der Zyklen von 10,2 auf 10,7 Jahre gestiegen.

Es scheint auch einen Zusammenhang zwischen der globalen Bewölkung und der kosmischen Strahlung zu geben: Kurzzeitige Änderungen der kosmischen Strahlung beeinflussen die Bewölkung. Svensmark und Friss-Christensen fanden, dass es eine Änderung der globalen Bewölkung in Abhängigkeit von der kosmischen Strahlung gibt. Die Änderungen betragen zwischen 3 und 4 %. Man fand heraus, dass kurzfristige Änderungen (Tage, Wochen) der Intensität der kosmischen Strahlung die Wetterprognosen beeinflussen können.

Auch die in der Atmosphäre vorherrschende Aufladung beeinflusst die Wolkenbildung. Das elektrische Feld ändert sich auf Grund von Schwankungen des Sonnenwindes und der kosmischen Strahlung. Auch die Troposphäre, also die Schicht in der sich das Wettergeschehen abspielt, variiert in ihrer Ausdehnung in Abhängigkeit von der Sonnenaktivität: Auf Grund der Jahreszeiten ändert sich ihre Höhe normalerweise um etwa 1 km. Im Winter ist sie also um 1 km weiter nach oben ausgedehnt. Hat man aber einen Winter während eines Fleckenmaximums ist sie zusätzlich noch um 0,5 km höher.

*Fassen wir zusammen: Wetter und Klima sind ein sehr komplexer Prozess, der aber von der Sonne gesteuert wird. Wie die Messungen der letzten 100 Jahre ergaben, nimmt die Temperatur zu, was man zunächst auf den Treibhauseffekt zurückführte. Heute wissen wir aber, dass der Energieinput von der Sonne ebenfalls veränderlich ist, und man muss die Prognosen relativieren.*

*Weltraumwetter*

# Weltraumwetter

Space-Shuttle-Aufnahme eines Nordlichts.

*Sie hören gerade die Abendnachrichten. Am Schluss kommt der Wetterbericht. Nichts ungewöhnliches, aber dann plötzlich taucht eine Meldung auf: Warnung vor einem möglichen Sonnensturm. Was bedeutet das, für wen besteht reale Gefahr, wie wirkt sich das Ganze auf die Erde aus? Im Gegensatz zu den langfristigen Klimaänderungen durch die veränderte Sonneneinstrahlung handelt es sich hier um Ereignisse, die uns binnen weniger Minuten oder Stunden gefährlich werden können.*

## Das Magnetfeld der Erde

Wäre unsere Erde ohne Magnetfeld, dann würde es uns nicht geben. Erdmagnetfeld und Erdatmosphäre bilden einen wichtigen Schutzmantel, der uns vor kurzwelliger Sonnenstrahlung (UV, Röntgenstrahlung) bzw. vor energiereichen Teilchen des Sonnenwindes schützt. Wieso hat die Erde ein Magnetfeld und was sind seine wichtigsten Eigenschaften?

In der Physik lernt man: Magnetfelder sind Felder die durch elektrische Ströme oder zeitlich veränderliche elektrische Felder erzeugt werden. Sobald also z.B. in einem Draht ein Strom fließt, wird um den Draht herum ein Magnetfeld aufgebaut. Das Erdmagnetfeld wurde zuerst von Gilbert im Jahre 1600 beschrieben. Die Wirkungen des Erdmagnetfeldes ermöglichen die Funktion des magnetischen Kompasses und waren schon früher bekannt. Gauß und Weber maßen dann um 1830 den Betrag des Erdmagnetfeldes und fanden heraus, dass es in erster Näherung dem Feld eines Stabmagneten gleicht und zwei Pole, einen Nord- und einen Südpol hat, deshalb auch die Bezeichnung Dipolfeld.

Die Feldlinien gehen vom Nordpol zum Südpol. Der Dipol liegt aber nicht genau in der Erdachse,

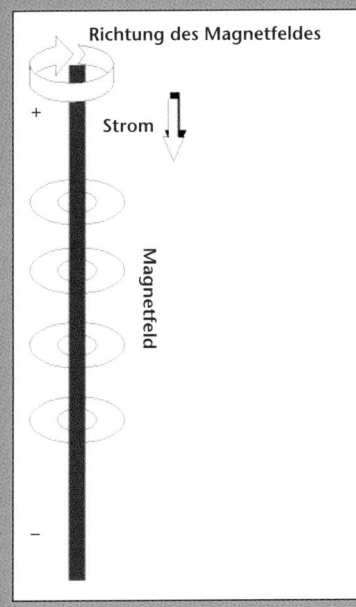

Ein stromdurchflossener Leiter erzeugt ein Magnetfeld.

sondern die magnetischen Pole weichen von den geographischen Polen ab. Die Dipolachse geht dabei durch den Erdmittelpunkt und die magnetischen Pole fallen nicht mit den geographischen Polen zusammen. Die genaue Ausrichtung des Dipols und die Position der Pole ändern sich im Laufe der Zeit. Bei dem geomagnetischen Nordpol/Südpol handelt es sich in Wirklichkeit um einen magnetischen Südpol/Nordpol, denn er zieht den magnetischen Nordpol/Südpol einer Kompassnadel an. Da die magnetischen Feldlinien nicht genau in der N-S-Richtung liegen, weicht eine Kompassnadel von dieser Li-

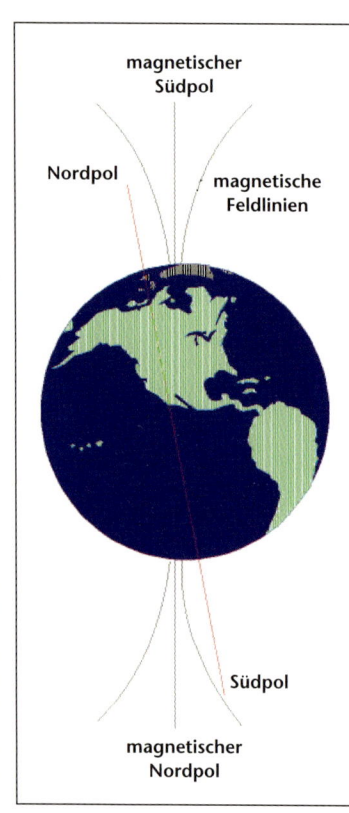

Das Erdmagnetfeld ist in erster Näherung ein Dipolfeld. Die magnetischen Pole fallen nicht mit den geographischen Polen zusammen und der magnetische Nordpol befindet sich beim Südpol der Erde.

nie ab und man bezeichnet diese Abweichung als Deklination. Die magnetischen Feldlinien sind auch gegen die Horizontale geneigt, was als Inklination I bezeichnet wird. An den Polen beträgt die Inklination 90°, da dort die Feldlinien senkrecht austreten (am Nordpol) bzw. einlaufen (am Südpol); am magnetischen Äquator ist sie 0 Grad. Im 16. Jahrhundert wies ein Kompass auf 12° östlich von Nord,

1820 betrug dieser Wert 24° westlich von Nord. Seit dieser Zeit wandert magnetisch Nord wieder ostwärts. Wir sehen also, dass die magnetischen Pole nicht mit den geographischen zusammenfallen, sondern nur näherungsweise.

Unser Magnetfeld schützt vor gefährlichen geladenen Teilchen von der Sonne, doch war unser Erdmagnetfeld immer gleich stark? Daten über das Magnetfeld in vorgeschichtlicher Zeit liefern Gesteine, denn bei ihrem Abkühlungsprozess sind bestimmte Minerale (hauptsächlich Eisenverbindungen) nach dem gerade herrschenden Magnetfeld auf der Erde ausgerichtet worden. Dies gilt auch für Töpferwaren. Werden diese Materialien über eine bestimmte Temperatur erhitzt (Curietemperatur) verlieren sie ihren Magnetismus jedoch wieder. Diese paläomagnetischen Eigenschaften gaben erste Hinweise auf die Bewegung der Kontinente.

Es gibt auch in unregelmäßigen Zeitabständen Umpolungen und während einer solchen Umpolung gibt es einen Zustand schwachen Magnetfeldes. Dann kommt die kosmische Strahlung fast ungehindert hindurch und verursachte Mutationen bei Pflanzen und Tieren. Das Magnetfeld wird durch Ströme im flüssigen äußeren Erdkern erzeugt. Derartige Ströme würden

*Die Magnetosphäre*

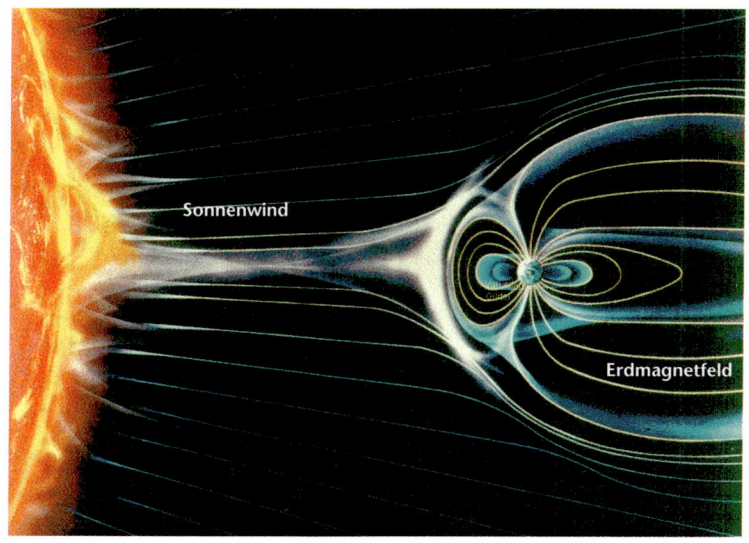

Der von der Sonne (links) kommende Sonnenwind staucht das Erdmagnetfeld auf der der Sonne zugewandten Seite zusammen. Im Inneren der Magnetosphäre sind die beiden Van-Allen-Gürtel markiert (auf der Sonnenabgewandten Seite blau).

aber nach einer gewissen Zeit abklingen, deshalb werden sie durch einen Dynamoprozess wie bei der Sonne aufrechterhalten.

## Die Magnetosphäre der Erde

Das Dipolfeld der Erde nimmt nach außen mit zunehmender Entfernung ab. Im Abstand von 10 Erdradien ist der Einfluss des Sonnenwindes wichtig. Dies ist ein Strom geladener Teilchen, der von der Sonne kommt (typische Dichte 5 Protonen pro $cm^3$, Geschwindigkeit etwa 450 km/s) und das Erdmagnetfeld auf der der Sonne zugewandten Seite zusammendrängt.

Hinter der Erde wird das Feld zu einem Schweif auseinandergezogen. Das Volumen, das hierbei ausgefüllt wird, bezeichnet man als Magnetosphäre. Vor der Magnetosphäre befindet sich die Magnetopause. Die Magnetopause lenkt zwar die Teilchen des Sonnenwindes ab, aber viele Protonen und Elektronen kommen trotzdem durch. Diese werden im Dipolfeld gefangen in Strahlungsgürteln, die einen Torus bilden. Diese Van-Allen-Gürtel wurden 1958 durch Satellitenbeobachtungen gefunden. Es gibt 2 Bereiche: Der kleine innere Gürtel zwischen 1 und 2 Erdradien Abstand enthält Protonen mit höheren Energien, dann folgt eine ausgeprägte Lücke und bei einem

Nordlichterscheinung über Alaska. Da das Magnetfeld der Erde geladene Teilchen ablenkt, sind solche Effekte im Allgemeinen nur in polaren Regionen zu beoachten.

Abstand zwischen 3 und 4 Erdradien hat man den äußeren Gürtel, in dem sich Protonen und Elektronen geringerer Energie befinden. Während der innere Gürtel stabil ist, ändert sich der äußere stark, um bis zu einem Faktor von 100. Die in den Gürteln eingefangenen geladenen Teilchen bewegen sich auf Spiralbahnen entlang der magnetischen Feldlinien zwischen den Spiegelpunkten nahe den magnetischen Polen der Erde. Die Teilchen im inneren Gürtel können mit Teilchen der oberen Erdatmosphäre in Wechselwirkung kommen und es bilden sich die Nordlichter. Derartige Teilchen gehen den Strahlungsgürteln verloren.

Die täglichen magnetischen Feldänderungen entstehen durch Ströme, die sich durch gewöhnliche Änderungen der Sonnenaktivität ergeben. Andere irreguläre Stromsysteme entstehen durch Wechselwirkung des Sonnenwindes mit der Magnetosphäre und der Erdionosphäre bzw. in der Ionosphäre selbst. Man hat magnetische Indizes eingeführt um diese Änderungen zu beschreiben: Der K-Index ist ein quasi logarithmischer lokaler Index der magnetischen Aktivität in einem 3-Stunden-Intervall und wurde von Bartels 1938 eingeführt. Die Aktivität wird durch die Zahlen 0 (niedrig) bis 9 (hoch) beschrieben. Daneben gibt es noch den Ap-Index und den Kp-Index.

## Die Sonne stört den Funkverkehr

Jeder Amateurfunker weiß: Je höher die Sonnenaktivität ist, umso bessere Verbindungen hat man auf Kurzwellenbändern. Der Grund ist folgender:

Radiowellen werden bei ihrer Ausbreitung durch immer höhere Schichten in der Erdatmosphäre zurückreflektiert. In der Hochfrequenz-Kommunikationstechnik gibt es den Begriff der maximalen

*Störung des Funkverkehrs*

Frequenz, die in der Ionosphäre noch zurückreflektiert. Sie variiert mit der Tageszeit, dem Monat und dem Sonnenaktivitätszyklus. Beim Maximum der Sonnenaktivität werden höhere Frequenzen in der Ionosphäre reflektiert und deshalb kann man für HF-Verbindungen diese größere Bandbreite verwenden. Im Bereich des Minimums der Sonnenaktivität hat man nur eine schmale Bandbreite. Man kann die Fleckenrelativzahl mit den Messungen der ionosphärischen Frequenzen vergleichen, was dann den so genannten T-Index angibt.

Der Ap-Index ist ein Maß für den allgemeinen Wert der geomagnetischen Aktivität gemittelt über die gesamte Erde für einen gegebenen Tag. Die offiziellen Ap-Werte werden vom Geo-Forschungszentrum Potsdam herausgegeben.

Doch manchmal kommt von der Sonne Bewegung in die Ionosphäre: Bei Sonnenflares entsteht Röntgenstrahlung. Diese erzeugt eine Zunahme der Elektronendichte in der unteren Ionosphäre. Man spricht von einer plötzlich auftretenden ionosphärischen Störung (SID, **s**udden **i**onospheric **d**isturbance). Im Funkverkehr kommt es jetzt zu intensiven Absorptionen im Bereich kurzer Radiowellen. Im Bereich 245 MHz und 2,7 GHz sind die Störungen am größten. Dies ist gleichzeitig auch der Bereich, der von Industrie und Wirtschaft sowie Telekommunikation am intensivsten genutzt wird.

Durch Sonnenausbrüche kann auch der Handy-Funkverkehr gestört werden.

Untersuchen wir den Zusammenhang zwischen der extremen UV-Strahlung (EUV) der Sonne und der Radiokommunikation. Die EUV bildet praktisch die Ionosphäre. Ist die Sonnenaktivität und damit die EUV-Strahlung gering, dann ist die Dichte der geladenen Teilchen in der hohen Ionosphäre (F-Schicht) gering und nur die niedrigen Frequenzen der HF-Signale können reflektiert werden. Beim Maximum der Sonnenaktivität ist die EUV-Strahlung stark, die Dichte der geladenen Teilchen hoch und das höhere Frequenzband der HF-Strahlung wird reflektiert.

Weltraumwetter

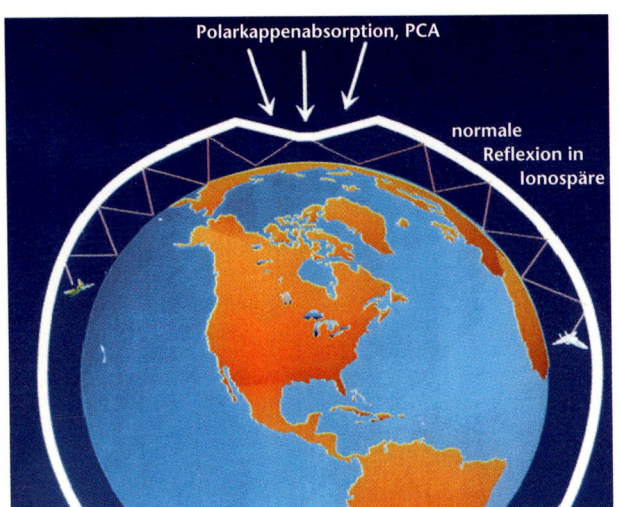

Die Polarkappenabsoption wird durch den Sonnenwind verursacht (vgl. Text).

Flares erzeugen auch Röntgenstrahlung, die die tiefer liegenden D-Schichten der Ionosphäre beeinflusst. Die HF-Signale müssen aber zweimal diese tieferen Schichten durchdringen (einmal auf dem Weg nach oben in die F-Schicht, wo sie reflektiert werden, und dann wieder zurück). Bei erhöhter Ionisation während eines Flare-Ausbruchs wird das Signal bereits in der D-Schicht absorbiert. Diese Störung kann von wenigen Minuten bis zu Stunden dauern. Die Funkverbindung wird dann unterbrochen.

Im HF-Bereich, der sehr stark vom Militär und für Fernsehübertragungen über den Atlantikbereich genutzt wird (3–80 MHz, Wellenlänge kürzer als 80 m), hängt die Reflexion der Signale von der Ionosphäre ab. Elektromagnetische Wellen dieser Wellenlänge werden abgeschwächt, wenn sie durch die unteren Bereiche der Ionosphäre gehen (unterhalb 100 km). Dort kommt es zu häufigen Kollisionen mit den vorhandenen Elektronen und Luftmolekülen, weil die Dichte noch relativ hoch ist. Nimmt die lokale Elektronendichte zu, dann wird diese Abschwächung verstärkt und es kommt zu einem Ausfall der Kommunikation. Dafür sind wiederum Flares, Strahlungsausbrüche im Röntgenbereich, energiereiche Teilchen oder intensive Polarlichter verantwortlich.

Alles wird also von der Sonne gesteuert. Die energiereichen Teilchen von der Sonne erzeugen die Polarkappenabsorption (PCA, **p**olar **c**ap **a**bsorption), die bis zu mehreren Tagen dauern kann. Durch solare Protonen kommt es zu einer starken Ionisation über den Polkappen der Erde (magnetische Pole) und es ändert sich dadurch der Weg der reflektierten Wellen in der Ionosphäre.

Nach sehr starken Flares auf der Sonne kann es für Minuten bis Stunden zu einem Totalausfall im Kurzwellenverkehr kommen (wird als Mögel-Dellinger-Effekt bezeichnet). Durch die mit dem Flare verbundene intensive Röntgenstrahlung der Sonne wird die D-Schicht der Erdatmosphäre verstärkt ionisiert, und dadurch werden die Funkwellen stark abgedämpft.

## Die 10-cm-Radiostrahlung der Sonne

Die Sonne strahlt im Radiobereich bei 10,7 cm Wellenlänge (neben anderen Bereichen). Dieser Strahlungsfluss hängt eng mit der Sonnenfleckenrelativzahl zusammen und wird häufig auch als 10-cm-Fluss bezeichnet. Der Nachteil der Sonnenfleckenzählung besteht darin, dass an verschiedenen Observatorien, bedingt durch die Erdatmosphäre, unterschiedliche Bedingungen herrschen und dass man mit größeren Teleskopen feinere Strukturen und unter Umständen kleinere Flecken sieht und zählt als mit kleineren. All diese Probleme fallen bei Messung des 10-cm-Flusses aus. Man kann den 10-cm-Fluss entweder als täglichen Index verwenden oder über längere Perioden mitteln, um zufällige Trends in der Aktivität herauszufiltern. Zur Zeit des solaren Aktivitätsminimums gibt es wenige bis gar keine Flecken, aber der 10-cm-Fluss ist immer vorhanden.

Wieso strahlt die Sonne im Radiobereich und woher kommt diese Strahlung? Die Radiostrahlung der ruhigen Sonne entsteht durch Emission und Absorption: In den höheren Schichten der Sonnenatmosphäre herrschen hohe Temperaturen. Deshalb hat das Gas dort seine Elektronen verloren, es ist ionisiert. Sobald nun ein freies Elektron in den Anziehungsbereich eines positiv geladenen Ions kommt, wird das Elektron abgebremst und Strahlung in Form von Radiowellen abgegeben. Man bezeichnet dies auch als frei-frei-Übergänge.

Je näher dabei ein Elektron dem Feld eines Ions kommt, desto stärker ist die Wechselwirkung, und je dichter das Gas ist, desto häufiger sind Wechselwirkungen. Kurzwellige Radiostrahlung (1–20 cm) kommt daher aus der Chromosphäre und unteren Korona. Je länger die Wellenlänge, in desto höhere Schichten der Korona blicken wir.

## Space Weather: Einflüsse auf die Weltraumfahrt

Zunächst definieren wir einmal den Begriff Space Weather, zu deutsch Weltraumwetter. Wir haben in den vergangenen Kapiteln gesehen, dass die Strahlung der Sonne veränderlich ist und dass große Plasmawolken ausgeschleudert werden, die verzögert die Erde errei-

> Space Weather (Weltraumwetter) beschreibt den Einfluss von Strahlung und Plasmawolken von der Sonne auf Satelliten und Erde. Diese so genannten solar-terrestrischen Beziehungen sind Gegenstand intensiver Forschung.

chen. Den Einfluss dieser Teilchen und die Vorhersage ihres Auftretens fasst man unter dem Begriff Space Weather zusammen.

Es ist klar, dass Satelliten und Raumfahrtmissionen (bemannt oder unbemannt) besonders anfällig und ungeschützt sind gegenüber den hochenergetischen Teilchen von der Sonne. Wie groß diese Einwirkungen tatsächlich sind, hängt ab von der Dauer der Einwirkung (Dosis). Akkumulierte Dosis führt zu Spannungsverschiebungen in elektronischen Bausteinen (CMOS) sowie zu Kurzschlussströmen.

Ein großer Teil des Energie der Strahlung verursacht Gitterverschiebungen im Atomaufbau des Materialgefüges der Satelliten. Es kommt zu Störungen in den Transistoren, die Solarzellen, die die Satelliten mit Energie versorgen, verlieren an Effizienz, CCD-Kameras werden beschädigt usw. Fällt die Energieversorgung eines Satelliten aus, ist er praktisch nicht mehr kontrollierbar von der Erde aus.

Schwerere Teilchen der kosmischen Strahlung können soviel Energie in die Siliziumzellen, aus denen Halbleiterbauelemente der Elektronik bestehen, bringen, dass es zu einer Bitumkehr kommt. Aus 0 wird der Zustand 1 und umgekehrt. Anders ausgedrückt, es kommt zu falschen Befehlen in einem Computerprogramm: Statt »steuere das Raumschiff nach links«, wird z.B. ein Bremsmanöver eingeleitet. Man spricht von SEU (single event upsets). Manchmal kann aber auch mehr als ein Bit betroffen sein und dann hat man so genannte MBUs (multiple bit upsets). Die Einflüsse auf die bemannte Raumfahrt werden wir später diskutieren.

Darüber hinaus gibt es noch das Hintergrundrauschen der Detektoren, welches von einzelnen Ablagerungen und induzierter Radioaktivität abhängt. Das ganze Raumschiff kann sich elektrostatisch aufladen, wenn es in Plasma eingebettet ist. Das passiert im Bereich des geomagnetischen Schwanzes auf der der Sonne abgewandten Seite des Magnetfeldes. Es kommt sogar zu einer inneren Auflading, wenn hochenergetische Elektronen die Hülle durchdringen und in dielektrischen Materialien eingefangen werden.

Während der Emission von hochenergetischen Teilchen der Sonne im September und Oktober 1989 hat man in GEO- und LEO-Satelliten eine Abnahme der Effizienz der Solarzellen um bis zu 4 % gemessen. Im März 1991 hat es einen großen Ausbruch gegeben und man nimmt an, dass sich dadurch die Lebenszeit des GOES-Satelliten

*Satelliten in Gefahr*

um 3 Jahre verkürzen wird. Die NASA hat einen Satelliten mit sehr empfindlichen RAM-Chips ausgestattet, der automatisch seine Höhe kontrollieren sollte. Dadurch sind aufwendige Kontrollen durch Bodenstationen auf ein Minimum reduziert und man kann sich enorme Kosten sparen. Doch die Rechnung ging nicht auf: Durch den Ausbruch im September/Oktober 1989 wurden umfangreiche Kontrollen durch Bodenstationen mit Korrekturen der Satellitenhöhe notwendig, ohne die der Satellit (TDRS-1) abgestürzt wäre.

MBUs wurden bei den IBM-Computern in der MIR-Raumstation festgestellt während eine Ausbruches der Sonne für eine Zeitdauer von 9 Stunden! Computer in der Spacelab-Raumstation zeigten MBUs während einer ganzen Stunde lang. Je mehr man also Raumschiffe und Satelliten automatisch durch Computer steuert, desto anfälliger werden diese gegenüber Computerfehlern, die von der Sonne ausgelöst werden infolge eines großen Energieausbruchs. Denken wir an Sat-TV, Telekommunikation und Navigation mittels Satelliten, so wird die Bedeutung dieses Effektes klar.

Die Frage ist, ob es auch für uns auf der Erdoberfläche Lebende gefährlich werden kann. Um diese Frage zu klären, wurden eigene Detektoren gebaut, die auf Flugzeugen mitgenommen werden (CREAM, cosmic radiation effects and activation monitor). Sie messen den Einfluss der kosmischen Strahlung, die von außerhalb des Sonnensystems kommt, auf die empfindliche Elektronik. Man hat 512 Concorde-Flüge analysiert, von denen 412 in großen Höhen über dem Atlantik von London nach New York erfolgten. Deshalb hat man Daten von 1000 Stunden in Höhen über 50 000 Fuß, und diese Daten umfassen einen großen Bereich des Sonnenaktivitätszyklus 22, der 1996 endete. Man erkennt generell eine deutliche Antikorrelation mit dem Aktivitätszyklus, die Ereignisse von Sep./Okt. 1989 sind ebenfalls klar zu sehen. Durch erhöhte Sonnenaktivität wird also das Magnetfeld der Sonne verstärkt und es gelangen weniger energiereiche Teilchen von außen in die Heliosphäre. Deshalb

Die Raumstation Mir. Gefahr für Astronauten durch die Sonne, da es in Computerprogrammen zu Fehlern kommen kann (vgl. Text).

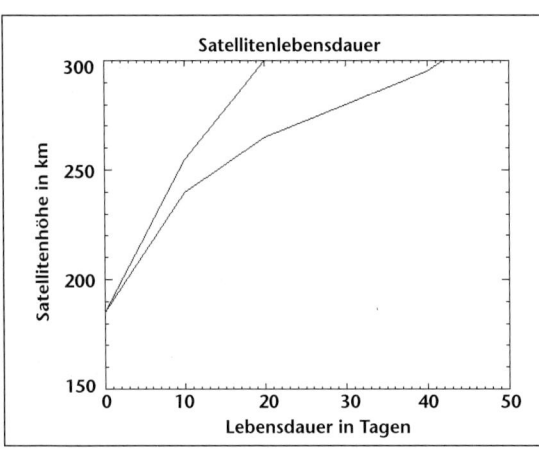

Lebensdauer eines Satelliten als Funktion seiner Höhe über dem Erdboden. Die linke Kurve gilt für hohe Sonnenaktivität, bei der die Lebensdauer für tief fliegende Satelliten deutlich verkürzt wird infolge Abbremsung durch die ausgedehntere Atmosphäre.

wird weniger radioaktives Kohlenstoffisotop gebildet und man spricht von einer Antikorrelation. Daten gibt es auch aus einem CREAM-Detektor an Bord einer Boeing 767 der Scandinavian Airlines zwischen Mai und August 1993 (540 Flugstunden). Es zeigten sich Reaktionen von Silizium, das Material aus dem die Halbleiterbauelemente bestehen, durch den Einfall von Sekundärneutronen. Die Ionen sind erst in größeren Höhen wirksam. Bit-Fehler in CMOS-SRAMs wurden ebenfalls festgestellt.

Die energiereichsten Teilchen von der Sonne durchdringen die Atmosphäre und erzeugen erhöhte Strahlung in Bereichen, in denen sich Überschallflugzeuge befinden. Der innere Strahlungsgürtel enthält energiereiche Protonen und Elektronen. Für erdnahe Umlaufbahnen spielt eine Anomalie im Bereich des Südatlantik eine Rolle. Hier treten die häufigsten Störungen auf, weil hier der innere Van-Allen-Gürtel der Erde am nächsten ist. Diese Anomalie wird stark beeinflusst von Änderungen der Dichte der oberen Atmosphäre und der solaren Strahlung.

Der äußere Strahlungsgürtel wird durch geomagnetische Störungen verändert, die wiederum durch die schnelle Komponente des Sonnenwindes und CMEs (koronale Massenauswürfe) hervorgerufen werden. Während großer geomagnetischer Stürme kommt es zu einer Erhitzung der oberen Atmosphäre. Sobald man etwas erhitzt, dehnt es sich aus – die Erdatmosphäre dehnt sich nach oben aus und deshalb gelangen Satelliten mit erdnahen Umlaufbahnen in dichtere Bereiche der Erdatmosphäre. Dies verursacht Störungen in den Satellitenbahnen. Der Zeitpunkt des Wiedereintritts in die Erdatmosphäre kann dadurch stark verändert werden (dies passierte bei Skylab 1979). Deshalb ist es notwendig die Kontrollstationen von Satelliten rechtzeitig zu warnen.

Auch das Space Shuttle reagiert empfindlich auf Abbremsung durch die hohe Atmosphäre. Die Berechnungen des Wiedereintritts in die Erdatmosphäre hängen sehr stark von deren Dichte ab und Fehler würden sich fatal auf die Sicherheit für Raumfähre und ihrer Besatzung auswirken.

Die amerikanische Telefongesellschaft AT&T hat den Kontakt mit dem Telstar-401-Satelliten am 11.1.1997 verloren. Zeitungen berichteten von einer geladenen Wolke aus Wasserstoff und Helium, die aus der oberen Sonnenatmosphäre am 6. Januar ausgestoßen wurde. Sie kam mit einer Geschwindigkeit von 1 Million Meilen pro Stunde an, erzeugte eine Schockfront und dehnte sich wie ein Pilz auf eine Größe von 30 Millionen Meilen aus beim Kontakt mit der Magnetosphäre am 10. Januar. Dabei wurde eine Ladung von 1 Million Ampere freigegeben.

Auch das teuerste Observatorium der Welt, das Hubble-Space-Teleskop, also das erste Weltraumteleskop, das nicht nur für einen ganz speziellen Spektralbereich konstruiert wurde (Durchmesser des Teleskops 2,4 m), leidet unter der Abbremsung durch die Atmosphäre.

Der Satellit GOES-8 hatte Probleme mit der Höhe seiner Umlaufbahn am 14.2.1995. Unter dem Projekt GOES startete das NOAA eine Reihe von Wettersatelliten, die sich in einer geosynchronen Bahn um die Erde bewegen. Darunter versteht man eine Bahn, bei der der Umlauf des Satelliten um die Erde genau 1 Tag beträgt, weshalb der Satellit immer zum selben Punkt auf die Erde zeigt. Geosynchrone Satelliten sind rund 40 000 km von der Erde entfernt.

Die GPS-Satelliten (**Gl**obal **P**ositioning **S**ystem) sind ein System von Satelliten zur genauen Positionsbestimmung und Navigation auf der Erde. Misst man die Laufzeit von Radiosignalen zwischen den Satelliten und den Empfängern, dann bekommt man eine genaue Information über die eigene Position. Diese Laufzeit wird jedoch durch die Ionosphäre beeinflusst. Somit ergeben sich Ungenauigkeiten in der Navigation, die aber noch nicht vollständig erforscht worden sind.

Satelliten die unterhalb 2000 km von der Erdoberfläche fliegen, er-

*Satelliten sind durch riesige Plasmawolken von der Sonne gefährdet. Diese treffen einige Stunden bis Tage nach dem Strahlungsausbruch auf der Erde ein.*

GPS-Empfänger zur genauen Positionserfassung auf der Erde.

## Weltraumwetter

Die im Bau befindliche Weltraumstation ISS (International Space Station).

leiden durch die Erdatmosphäre eine Abbremsung. Sobald ein Satellit sich in einer Höhe von unterhalb 180 km befindet, stürzt er binnen weniger Stunden ab. Die Unsicherheit in der Vorhersage des Absturzzeitpunktes liegt allerdings bei 2 Stunden (in dieser Zeit umkreist ein tief fliegender Satellit die Erde!). Durch erhöhte Sonnenaktivität erhöht sich die Temperatur der hohen Erdatmosphäre, die sich ausdehnt.

Der 7.1.1997 schien ein ganz normaler Tag zu werden. Im sichtbaren Licht zeigte die Sonne keinerlei Besonderheiten. Aber der Sonnensatellit YOHKOH, der die Sonne im Röntgenlicht beobachtet, zeigte an, dass es zu einem riesigen koronalen Massenausbruch kommen könnte (CME). Bereits 1 Tag später, am 8.1. passierte eine riesige Plasmawolke die Venus. Diese Wolke war ungefähr 60 Millionen km groß. Zu diesem Zeitpunkt wurde dieses Ereignis bereits von 20 Satelliten beobachtet.

3 Jahre zuvor, am 13.12.1993 war der Satellit Telstar 1 in eine Erdumlaufbahn geschossen worden. Er sollte vor allem die Fernsehübertragung in den USA verbessern. Seine Lebenszeit war mit 12 Jahren veranschlagt. Aber am 11. Januar 1997 gab es erste Schwierigkeiten, mit diesem Satelliten Kontakt zu behalten. Zu diesem Zeit-

punkt traf nämlich die riesige Plasmawolke der Sonne auf die Erdmagnetosphäre. Dies sah man sogar an den deutlich schlechteren Bildern des YOHKOH-Röntgen-Satelliten, der die Sonne beobachtet. Die Stromversorgung des Telstar-Satelliten fiel komplett aus. Am 17. Januar gab man die Suche nach dem Satelliten auf; es entstand ein Schaden von 200 Millionen Dollar. Dies war nicht das erste Mal, dass Satelliten durch die Sonne kurzgeschlossen werden. 1994 waren Intelsat K und 2 kanadische Anik-TV-Satelliten betroffen, aber 2 konnten wieder gefunden werden.

## Der Mensch im Weltraum

Sobald sich Menschen im Weltraum aufhalten, fällt zumindest der erste Schutzmantel, die Erdatmosphäre aus. Unsere Atmosphäre schützt etwa so wie eine 10 m hohe Wassersäule. Dies war, wie im vorigen Kapitel gezeigt, wesentlich für die Entwicklung des Lebens im Meer. Ein Raumschiff entspricht aber nur einem Schutz wie durch eine 1–30 cm hohe Wassersäule.

Man kann die Strahlenbelastung und insbesondere die erhöhte Strahlenbelastung während eines Sonnenflares von Astronauten zwar reduzieren, aber nicht gänzlich ausschalten. Die Strahlen durchdringen auf Grund ihrer hohen Energie Materialien. Einen Schutz durch einen dicken Panzer kann man allein aus Kostengründen nicht machen, da jedes kg mehr an Gewicht die Kosten für die Raumfahrt enorm steigert. Für die internationale Weltraumstation ISS (International Space Station) werden spezielle Schutzschilde konstruiert, die aber weit unter der Schutzwirkung der Erdatmosphäre liegen.

Speziell lange Aufenthalte im Weltraum erhöhen deutlich das Krebsrisiko. Bei Weltraumspaziergängen wird man auf das Space Weather Rücksicht nehmen. Bis heute sind die meisten Weltraumflüge relativ kurz gewesen (Wo-

Gefahr für Astronauten durch Sonnenstürme.

> Strahlenbelastung von der Sonne führt von Beeinträchtigungen der Sehkraft, über Übelkeit bis zum Tod der Astronauten, je nach Dosis. Die Vorwarnzeit für Astronauten beträgt nur einige Stunden.

chen). Einige russische Kosmonauten hatten Aufenthalte bis zu 1 Jahr. Trotzdem ist das Krebsrisiko unter normalen Bedingungen im Weltraum relativ gering, und zwar bei 3 % pro Karriere des Astronauten. Das bedeutet, dass das Risiko an Krebs durch Strahlenbelastung zu erkranken, für einen Astronauten während seiner gesamten Berufszeit etwa bei 3 % liegt. Zum Vergleich einige Werte für die Belastung:

- Mittlere jährliche Belastung auf Grund natürlicher Quellen nahe der Erdoberfläche: 2,4 mSv
- Mittlere jährliche Dosis durch Medikamente: 1,5 mSv
- Mittlere jährliche Dosis an Bord von MIR während des Minimums der Sonnenaktivität: 216 mSv
- Dosis auf Blut bildende Organe während eines Flares
- Im August 1972 hinter 1 g/cm$^2$ Al-Schirm: 480 mSv

Die Einheit ist dabei 1 Sv = 1 Sievert, 1 mSv = 1 Millisievert = 0,001 Sv. Aus diesen Werten sieht man, dass die Belastung während eines einjährigen Weltraumfluges etwa 100-mal so groß ist wie auf der Erdoberfläche.

Schwere Ionen aus der galaktischen Komponente der kosmischen Strahlung machen zwar nur 1 % der gesamten Menge aus, aber sie haben eine sehr hohe Ionisationsdichte und zerstören eine Menge an Nachbarzellen im Organismus. Am besten konnte man den Einfluss von Strahlenbelastung durch das Studium der Opfer der Atombomben gewinnen. Hat man eine momentane Strahlenbelastung von etwa 200 mSv, dann kommt es zu ersten Anzeichen der Strahlenkrankheit: Übelkeit, Durchfall, Müdigkeit, Erbrechen. Wichtig ist die Zeitdauer der Einwirkung. Die Teams der zukünftigen Raumstation werden sich relativ lange im Weltraum aufhalten und es besteht die Gefahr einer deutlichen Verkürzung ihrer Lebenszeit. Von den menschlichen Organen ist am stärksten der Magen betroffen, dann der Darm und die Lunge, dann das Knochenmark und die Harnblase. Sehr gering sind die Schäden bei der Haut. Der Einfluss auf die Augen ist bereits bei einer Belastung von mehr als 0,15 Sv pro Jahr nachweisbar, beziehungsweise bei einer kurzen Belastung von mehr als 0,5 Sv. Es kommt zu Ausfällen und Beeinträchtigungen der Sehkraft. Eine vorübergehende Unfruchtbarkeit tritt bei einer kurzzeitigen Belastung von 15 Sv auf, permanent unfruchtbar wird man bei einer Belastung von etwa 5 Sv. Diesen Werten entsprechen eine jährliche Belastung von 0,4 bzw 2 Sv.

# Tod im All

Das US-Komitee für Weltraummedizin schlägt ein 3%-Risiko bezogen auf die Lebenszeit als Limit vor: Dieses ist vergleichbar mit dem Krebsrisiko in einer industriell verschmutzten Umgebung. Bezogen auf den Autoverkehr beträgt das Unfallrisiko 1 %. Also ist die Wahrscheinlichkeit während seines Lebens durch einen Autounfall getötet zu werden 1 %. Das Risikolimit darf sich mit dem Alter erhöhen. Z.B. wenn ein Astronaut 25 Jahre alt ist, soll es nicht mehr als 1,5 % betragen, wenn er 55 Jahre alt ist 4,0 %. Die empfohlenen Werte für Astronautinnen sind geringer.

Wir sehen also, dass der hauptsächliche Einfluss des Weltraumwetters bzw. dessen Strahlung für Astronauten, aber auch Passagiere von sehr hoch fliegenden Flugzeugen bedeutend ist. Zwar hat man bei hoch fliegenden Flugzeugen noch eine schützende Atmosphäre, aber bei Flügen über den Polen während eines großen Ausstoßes von Sonnenteilchen kann es zu bedenklichen Beeinträchtigungen kommen. Ein solches Ereignis auf der Sonne müsste eigentlich dazu führen, dass man die Flugrouten entsprechend ändert!

In der hohen Atmosphäre gibt es elektrische Entladungen, die man »sprites« und »jets« nennt. Sie entstehen zwischen 15 und 100 km Höhe in der Erdatmosphäre. Dies sollte man bei zukünftigen Stratosphärenflügen berücksichtigen. Alle Weltraummissionen, die nahe Erdumlaufbahnen verlassen (wie z.B. die Apollo-Missionen zum Mond) müssen so verlaufen, dass man die Strahlungsgürtel möglichst rasch durchquert. Dies betrifft im Besonderen auch geplante Marsmissionen.

Besonders bei Flügen über den Polargebieten besteht Gefahr erhöhter Strahlenbelastung.

## Tod im All durch die Sonne?

Im August 1972 wurden bei der Beobachtung eines starken Sonnenwindes folgende Grenzwerte gemessen:

Um 6:30 Uhr wurde eine Flare-Erscheinung auf der Sonne beobachtet.

13:00 Uhr: Die Grenze an Strahlung wird überschritten, die normalerweise in einem Zeitraum von 30 Tagen für Astronauten im Bereich von Augen und Haut zumutbar ist, ohne dass gesundheitliche Schäden auftreten.

14.00 Uhr: das 30-Tage-Limit für alle Blut bildenden Organe sowie die Jahresgrenze für die Augen wird überschritten.

15:00 Uhr: Die Jahresgrenze für die Haut wird überschritten.

16:00 Uhr: Die Jahresgrenze für Blut bildende Organe sowie schließlich die insgesamt zulässige Grenze für einen Astronauten wird erreicht.

17:00 Uhr: Jetzt wird es dramatisch: Die letale (tödliche) Dosis für Astronauten ist erreicht.

Zum Glück fand in diesem Zeitraum keine bemannte Raumfahrtmission statt. Wir sehen aber an diesem Beispiel: Vom Ausbruch eines großen Flares auf der Sonne bis zum Erreichen der für Astronauten tödlichen Grenze vergehen nur etwa 12 Stunden. Deshalb gibt es ein weltweit verteiltes Netz von Sonnenobservatorien, die die Sonne überwachen, sowie eigene Sonnensatelliten. Trotzdem ist diese Vorwarnzeit viel zu kurz und daher das große Ziel der Space-Weather-Forschung, eine Prognose abzugeben. Man beobachtet auf der Sonne bestimmte Magnetfelder und möchte vorhersagen, ob es dort zu einem Ausbruch kommen kann und wie heftig dieser ausfallen könnte. Doch nicht nur Astronauten sind betroffen.

## Gefahr für Elektrizitätsversorgungslinien und Pipelines

In diesem Kapitel untersuchen wir den geomagnetisch induzierten Strom (GIC, **g**eomagnetically **i**nduced **c**urrents). Er wird hervorgerufen durch Änderungen des Erdmagnetfeldes, was wiederum auf Einflüsse von der Sonne zurückgeht. Derartige Ströme sind wichtig in Stromleitungen, Öl- und Gaspipelines, Zuggleisen, Telekommunikationskabeln usw. In Stromleitungen verursachen die GICs eine Überhitzung der Transformatoren und dadurch kommt es zu Ausfällen.

Während eines Sonnensturms fließen starke Ströme in der Erdatmosphäre und erzeugen zeitliche Variationen des geomagnetischen Feldes. Dieses treibt wiederum Ströme innerhalb der leitenden Erde an. Große GICs treten vorwiegend in Gegenden mit starken Nordlichterscheinungen auf. Die GICs sind natürlich mit der Sonnenaktivität korreliert: Bei hoher Son-

*Stromausfälle*

Besonders Umspannwerke sind anfällig für Störungen durch Sonnenstürme. Es kann großflächig zu Stromausfällen kommen.

nenaktivität, wie sie für Mitte 2000 zu erwarten ist, treten sie verstärkt auf. Normalerweise hat man in Stromleitungen Wechselströme von 50 oder 60 Hz. Die geomagnetischen Variationen hingegen spielen sich im mHz-Bereich ab. Sobald ein GIC durch einen Transformator fließt, verhält er sich wie ein Gleichstrom. Normalerweise hat der Wechselstrom, der notwendig ist um den Transformator zu betreiben, nur einige Ampere. Der Transformator arbeitet dann im linearen Bereich. Durch einen GIC kommt man jedoch in den Sättigungsbereich der Kurve und dies führt zu einem extremen nicht linearen Anregungsstrom (einige 100 A).

Der wirtschaftliche Schaden ist enorm: Am 13.3.1989 kam es in Quebec, Kanada, zu einem totalen Stromausfall. Man hat dabei 21500 MWh verloren, dies entspricht 21 500 000 kWh. Wenn man sich erinnert, was jetzt 1 kWh kostet, kann man sich den Schaden ausrechnen. Das oben beschriebene Szenario spielte sich innerhalb Sekunden ab, die Stromversorgung Quebecs war innerhalb 1 $1/2$ Minuten lahm gelegt. Am selben Tag kam es auch im US-Bundesstaat New Jersey zu Problemen, z.B. fiel ein Transformator in einem Kernkraftwerk aus. In Finnland hat man die Transformatoren wegen der im Norden größeren Gefahr mit sehr hohen Toleranzgrenzen ausgelegt.

Pipeline in Alaska. Durch induzierte Ströme kommt es an den Schweißnähten zu erhöhter Korrission.

GICs werden von der Elektrizitätswirtschaft seit 1940 aufgezeichnet. Der erste dokumentierte Fall war am 24.3.1940. Durch einen geomagnetischen Sturm mit Ap-Index 240 kam es zu Fehlern in Relaisstationen.

GIC-Ereignisse können bis zu mehreren Stunden dauern. Bei der heutigen internationalen Vernetzung aller Stromleitungen kann z.B. ein Ausfall in Sizilien Auswirkungen auf die Stromversorgung in Deutschland haben.

Alle Pipelines unterliegen der Korrosion. Um zu große Schäden zu vermeiden, werden sie mit Isoliermaterial umwickelt. In den Metallrohren können leicht Ströme induziert werden. Würden die GICs nur innerhalb einer Pipeline fließen, so würden sie keine Schäden anrichten. Das Problem sind aber die Schweißnähte sowie die Biegungen. Es kommt deshalb dort durch die GICs zu erhöhter Korrosion, was bei einem entstehenden Leck zu erheblichen Umweltschäden führen könnte.

Um die GICs abzuschätzen, braucht man Messungen des horizontalen geomagnetischen Feldes an der Erdoberfläche. Dieses wird hauptsächlich durch Ströme in der Ionosphäre gesteuert und weniger durch Ströme im Erdinneren.

## Space-Weather-Vorhersagemodelle

Wie wir in den vorherigen Kapiteln gesehen haben, spielt das Weltraumwetter eine große Rolle für alltägliche Dinge. Deshalb ist eine Prognose wünschenswert, um z.B. Betreiber von Kommunikationssatelliten, GPS-Systemen, Flugzeugkapitäne oder Astronauten vor einem drohenden Sonnensturm zu warnen. »Space weather« bezieht sich allgemein auf die elektromagnetischen Zustände sowie Teilchenströme, die im Zuge von solaren Ausbrüchen auf die Erde treffen. Betrachtet man lange Reihen der solaren Aktivität wie z.B. die $C^{14}$-Messreihen, dann sieht man, dass es neben dem 11-jährigen Zyklus (der allerdings nicht konstant 11 Jahre lang ist) auch weitere Zyklen wie den Gleissberg-Zyklus (80–100 Jahre) sowie Zeiten erhöhter Sonnenaktivität (1100–1400 Jahre) gibt.

Man hat also verschiedene Perioden auf der einen Seite und das Problem, dass die zuverlässigen Messreihen oft nicht lang genug sind bzw. zu ungenau und von anderen Faktoren beeinflusst. Zu den wichtigsten Techniken für eine Modell-Berechnung der Sonnenaktivität zählen:

1. Fourieranalye: Hat man ein zeitlich veränderliches Signal, so kann man dieses in den Fourierraum transformieren und dabei einzelne Frequenzen, die in diesem Signal vorkommen, sehen. Nehmen wir als einfachstes Beispiel eine Sinus-Kurve. Transformiert man diese Funktion in den Fourierraum und berechnet die quadratische Amplitude, die man auch als Powerspektrum bezeichnet, dann erkennt man im Powerspektrum genau eine Frequenz. Überlagert man nun diese Funktion mit einer Cosinus-Kurve, dann hat man im Powerspektrum 2 Frequenzen usw. Die Analyse der Daten der Sonnenflecken im Fourierraum zeigt eindeutig ein Maximum bei etwa 11 Jahren, zusätzlich noch weitere aber weniger deutlich ausgeprägte Maxima.

2. Neuronale Netzwerke: Hier versucht man möglichst viele Eingabeparameter zu finden (Sonnenfleckenrelativzahl, Aktivität der Sonne im Ca- oder H-Alpha-Spektrum, Magnetfelder usw.). Dieser Datensatz repräsentiert dann das neuronale Netz und dieses ist lernfähig.

3. Kurvenfitting: Darunter versteht man die Anpassung der Messreihen an Kurven, die somit eine Extrapolation der Aktivität auf die nächsten Jahre erlauben.

4. Anordnungen der Planeten: Dies geht auf die Vorstellungen von Milankovich zurück, wonach die Stellungen der großen Planeten die Sonnenaktivität beeinflussen. Der Schwerpunkt des Sonnensystems befindet sich ja zumeist außerhalb des Sonnenkörpers und durch die Bewegung der Sonne um diesen entstehen Zentrifugalkräfte, die die Sonnenaktivität steuern könnten.

5. Precursor-Methoden: Unter einem Precursor (das bedeutet wörtlich übersetzt Vorläufer) versteht man gewisse Indizien, die am Anfang eines Zyklus stehen und eine Aussage über dessen Verlauf gestatten. Ein Analogon dafür wäre ein sich ver-

> Die Vorhersage des Space Weathers erfolgt mit verschiedenen Verfahren. Der momentane Stand ist ähnlich wie in der Meteorologie vor 30 Jahren. Die Sonne wird weltweit rund um die Uhr beobachtet.

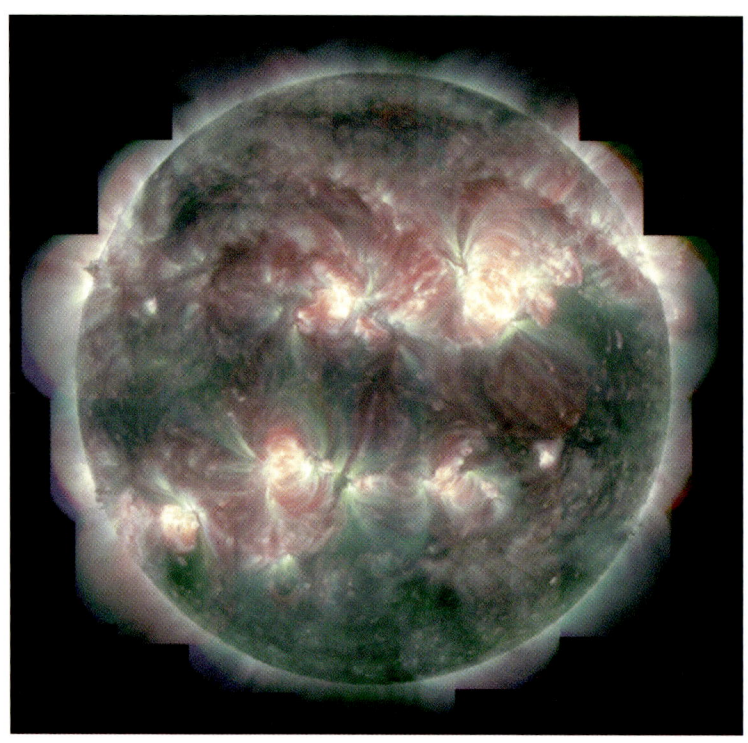

Die Sonne im kurzwelligen Röntgenbild, aufgenommen vom Sonnensatelliten TRACE. Aktivitätsgebiete erscheinen durch vermehrte Röntgenstrahlen hell und sind heißer.

dunkelnder Himmel, der die Ankunft eines Sturmes ankündigt.

Die letztgenannte Methode scheint die vielversprechendste zu sein. Zu diesem Zweck hat die Gruppe um Schatten den SODA-Index definiert. SODA steht dabei für **so**lar **d**ynamo **a**mplitude, also Amplitude des Sonnendynamos. Das Magnetfeld der Sonne ist ja im Inneren und kommt durch den magnetischen Auftrieb nach oben, ähnlich wie die Perlen eines kohlensäurehaltigen Getränkes. Dabei hat man festgestellt, dass das polare Magnetfeld der Sonne eine Aussage geben kann, wie stark der zukünftige Zyklus sein wird. Anzeichen für das polare Feld sind so genannte polare Fackeln sowie die Krümmung von koronalen Streamern. (In der Korona ist die Materie so dünn verteilt, dass das Magnetfeld die Bewegung der Materie bestimmt. Deshalb kommt es zu den koronalen Streamern.) Interessanterweise fallen auch meist die geraden Zyklen kleiner aus als die ungeraden Zyklen. Weitere Precursor sind das interplanetare Magnetfeld des Sonnenwindes. Eine langfristige Prognose für jeweils den nächsten Zyklus ist damit einigermaßen verlässlich, was natürlich auch für Satellitenmissionen von großer Bedeutung ist.

Wie wir aber gesehen haben, ist auch eine kurzfristige Prognose wesentlich: Hier spielen die zur Verfügung stehenden Datenquellen und ihre weltweite rasche Analyse eine Rolle. Bis vor kurzem hatte man nur eine 30%ige Genauigkeit. Es gab und gibt Fälle von vorhergesagten Stürmen, die niemals eintraten. Umgekehrt ist es aber auch zu empfindlichen Störungen und Ausfällen gekommen obwohl man keine Warnung ausgegeben hatte. Erst durch neuere Satellitenmessungen in Wellenlängenbereichen, die von erdgebundenen Observatorien aus nicht zugänglich sind, war es möglich z.B. die Sonne im Röntgenlicht zu beobachten, in dem sich derartige Vorgänge ankündigen. Durch diese verbesserten Beobachtungstechniken und Datensätze hat man inzwischen eine 2-3-Tage-Vorwarnzeit mit einer 50%igen Genauigkeit.

Betrachten wir noch kurz die Techniken, die gemäß der Precursor-Methode Veränderungen im Erdmagnetfeld heranziehen. Die ältesten Verfahren gehen auf Ohl und Ohl zurück (1979). Diese Autoren fanden, dass der geomagnetische aa-Index im Minimum mit der Sonnenfleckenrelativzahl im nächsten Maximum zusammenhängt. Allerdings hat diese Methode den Nachteil, dass das Minimum des aa-Indexes erst nach dem Sonnenfleckenminimum einsetzt und man daher eine Prognose erst nach dem Beginn eines neuen Zyklus machen kann.

Feynman hat den aa-Index in 2 Komponenten aufgeteilt: Eine Komponente ist dabei in Phase und proportional zur Sonnenfleckenrelativzahl, die andere Komponente ist der Rest. Das Maximum dieses Signals tritt beim Fleckenminimum auf und man kann daher das Maximum bereits zum Zeitpunkt des solaren Aktivitätsminimums vorhersagen.

Durch koronale Massenauswürfe kommt es zu massiven Explosionen auf der Sonne. Die Stärke dieser Explosionen entspricht etwa 100-Megatonnen-Bomben. Es ist bekannt, dass es z.B. während eines Nuklearkrieges zu einem Ausfall empfindlicher elektronischer Geräte kommt, und zwar durch den so genannten elektromagnetischen Puls. Es werden dabei Ströme in ei-

*Verschiedene Erscheinungen auf der Sonne sowie im Erdmagnetfeld lassen eine Prognose künftiger Sonnenaktivität zu und werden dazu beitragen, die enormen möglichen wirtschaftliche Schäden geringer zu halten.*

## Weltraumwetter

Die Sonnenaktivität kann sich störend auswirken auf Satelliten, Navigation von Flugzeugen und Schiffen, Funkverkehr sowie Stromleitungen.

*Vorhersagemodelle*

nem Generator induziert, es kommt zu Überspannungen und empfindliche elektronische Bauteile werden zerstört. Etwas Ähnliches kann bei einem Sonnenausbruch passieren.

Der Autor hat eine so genannte kombinierte Methode zur Vorhersage der Sonnenaktivität verwendet. Man erwartet für den Zyklus Nummer 23 für das Maximum in der zweiten Jahreshälfte 2000 eine Sonnenfleckenrelativzahl von etwa 160, die damit etwa in derselben Höhe liegt, wie beim vorangehenden Maximum (vgl. S. 75). Der Zyklus hat im Juli 1996 begonnen. Die Wahrscheinlichkeit für das Auftreten von geomagnetischen Stürmen wird im Zeitraum zwischen den Jahren 1999 und 2005 sehr hoch sein.

---

*Fassen wir zusammen, wie sich ein »Sonnenausbruch« auswirkt:*

- *HF-Kommunikation: Durch die solare extreme UV-Strahlung ändert sich der Frequenzbereich, der reflektiert wird. Die Röntgenstrahlen erzeugen Ausfälle im Kurzwellenverkehr.*
- *VHF- und UHF-Signale: Auf der sonnenzugewandten Seite der Erde kommt es zu Problemen.*
- *Elektrizitätsnetze: Induzierung elektrischer Ströme, Zerstörung von Transformatoren.*
- *Satellitenbahnen und Satellitenorientierung: Ausdehnung der Erdatmosphäre während eines Ausbruchs und Abbremsung erdnaher Satelliten (Umlaufbahn kleiner als 2000 km Höhe).*
- *Satellitenkontrolle: Aufladung des Raumschiffs durch geladene Teilchen, Zerstörung elektronischer Geräte, falsche Computerbefehle (auch in Flugzeugen nachweisbar!).*
- *Pipelines: Während geomagnetischer Stürme verstärkte Korrosion an Schweißnähten.*
- *Geomagnetische Untersuchungen über Mineralienvorkommen von Satelliten aus: Durch Beeinflussung der Magnetometer während eines geomagnetischen Sturmes werden die Messreihen verfälscht.*
- *Gefahr für den Menschen im Weltraum.*
- *Vermehrtes Auftreten von Polarlichtern.*

# Zukunft der Sonne

## Unsere Sonne ist ein ganz normaler Stern

Ein immer wieder ausbrechender Stern, der in mehreren Explosionen eine Hülle herausgeschleudert hat, ist T Pyxidis, hier eine Aufnahme vom Hubble-Space-Teleskop. In etwa 5 Milliarden Jahren wird unsere Sonne sich zu einem Roten Riesen ausdehnen und ebenfalls Gashüllen ausstoßen. Insgesamt hat dieser Stern 2000 Gashüllen ausgestoßen, die einen Durchmesser von der 70 000fachen Entfernung Erde–Sonne haben.

Ein typisches Weltuntergangsszenario geht von einer explodierenden Sonne aus. In diesem Kapitel werden wir sehen, wie die weitere Entwicklung unserer Sonne sein wird. Dabei untersucht man viele verschiedene Sterne und kann so Rückschlüsse auf die Zukunft der Sonne ziehen. Obwohl die Sonne variabel ist, leuchtet sie doch seit langem nahezu konstant.

## Die gegenwärtige Sonne

Wie bereits im Kapitel 3 gezeigt, ist unsere Sonne ein Hauptreihenstern im Hertzsprung-Russell-Diagramm. Alle Sterne auf der Hauptreihe haben eines gemeinsam: Die Energieversorgung erfolgt durch das so genannte Wasserstoffbrennen. Aus der Fusion des Wasserstoffs entsteht das Element Helium. Aber Wasserstoff ist nicht unbegrenzt vorhanden. Das Alter, das die Sterne auf der Hauptreihe erreichen, hängt wesentlich von ihrer Masse ab. Es gilt: Je massereicher die Sterne sind, desto schneller verbrennen sie ihren Wasserstoff zu Helium und entfernen sich von der Hauptreihe.

Ein Stern, der ähnliche Eigenschaften hat wie unsere Sonne, verbringt ca. 80 % seiner gesamten Lebenszeit auf der Hauptreihe. Durch die Kernfusion nimmt der Wasserstoffgehalt im Inneren ab und Temperatur und Dichte müssen zunehmen, damit die Rate der Kernfusion aufrechterhalten bleibt. Durch die Temperaturzunahme dehnt sich der Stern leicht aus. Damit wird der Stern auch leuchtkräftiger und scheint heller. Am Beginn ihres Hauptreihendaseins hatte unsere Sonne nur 70 % ihrer heutigen Helligkeit.

In unserer Sonne ist etwa die Hälfte des gesamten Wasserstoffvorrates durch Kernfusion zu Helium »verbrannt«. In der Astrophysik ist es üblich, den Gehalt eines Sternes an Wasserstoff mit X, den Gehalt an Helium mit Y und den Gehalt an schwereren Elementen mit Z zu bezeichnen, die alle zusammen den Wert 1 ergeben. Bei der Entstehung der Sonne aus dem präsolaren Gasnebel betrug X = 0,70. Heute rechnet man im Sonnenzentrum mit X = 0,36.

## Kurzes Jugendstadium

Wir teilen die Lebenszeit der Sonne in verschiedene Phasen ein. Der Nullpunkt für die Entwicklung der Sonne ist diejenige Stelle im Hertzsprung-Russell-Diagramm, an der sich die entstehende Sonne zur Hauptreihe hin entwickelt hat, von einer sich zusammenziehenden Gaswolke zu einem Stern. Bis zu diesem Punkt erfolgt die Energieerzeugung ausschließlich durch frei werdende Gravitationsenergie: Die Gaswolke zieht sich zusammen, die Hälfte der dabei frei werdenden Energie wird abgestrahlt, die andere Hälfte erwärmt das Sonnenin-

> Die Entstehung und Entwicklung eines Sternes kann man im Hertzsprung-Russell-Diagramm verfolgen. Als die Sonne noch ein in sich zusammenstürzender Protostern war, befand sie sich oberhalb der Hauptreihe.

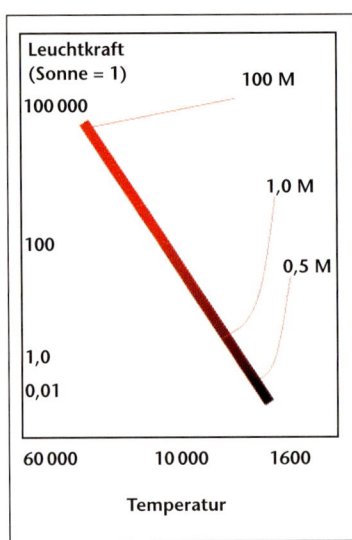

Entwicklung von Sternen verschiedener Massen (Sonne = 1,0 M) zur Hauptreihe hin.

nere. Die Sonne »fällt« während ihrer Entstehung von rechts oben nach rechts unten im Hertzsprung-Russell-Diagramm, d.h. sie verliert an Leuchtkraft bei annähernd gleicher Temperatur. Was bedeutet dies?

Die Leuchtkraft eines Sternes ist gegeben durch seine Oberfläche und seine Temperatur zur vierten Potenz. Bleibt also die Temperatur konstant, dann muss der Stern sich zusammenziehen, damit die Leuchtkraft abnimmt. Genau dies passiert bei der Vorhauptreihenentwicklung der Sonne. Zunächst geschieht diese Leuchtkraftabnahme sehr rasch (etwa 10 Millionen Jahre), die Gaswolke bzw. frühe Sonne verdichtet sich. In den folgenden etwa 20 Millionen Jahren verlangsamt sich der Prozess, gleichzeitig steigt die Temperatur im Sonneninneren. Bei einer Temperatur von 12 Millionen Grad kommt es im Sonneninneren zur Zündung des Wasserstoffbrennens, die Sonne befindet sich auf der Hauptreihe.

## Dramatische Änderungen am Ende der Entwicklung

Die Zeit des Wasserstoffbrennens ist die längste Phase in der Entwicklung der Sonne, und dauert etwa 10 Milliarden Jahre. Nach dieser vergleichsweise ruhigen Zeit kommt es zu einer völligen Umgestaltung. Fast der gesamte Wasserstoffvorrat in ihrem Inneren ist dann zu Helium umgewandelt worden. Die Kernfusion erlischt im Zentrum, erfolgt jedoch in einer Hülle um dieses, wo noch genügend Wasserstoff vorhanden ist. Der Kern zieht sich zusammen, was zu einer starken Erwärmung führt und die Schichten aufheizt, in denen die Wasserstofffusion noch immer stattfindet. Die Hülle expandiert. Die Sonne wandert nach oben im Hertzsprung-Russell-Diagramm, das heißt sie wird heller, weil sich ihre Oberfläche vergrößert. Es bildet sich ein roter Riesenstern. Der größte Teil ihrer Masse wird dann in einem Bereich konzentriert sein, der nur einige Erdradien groß ist und Temperaturen um 50 Millionen Grad hat. Durch die hohen Dichten im Kern werden die Elektronen entartet. Dann hängt der Druck nur noch von der Dichte, nicht jedoch von Temperatur und Dichte ab, wie bei der normalen Gasgleichung. Dieser Druck der entarteten Elektronen kann die Schwerkraft ausgleichen und wir haben wieder einen Gleichgewichtszustand.

Bei einer Temperatur von 100 Millionen Grad beginnt dann das Helium zu brennen, man spricht auch vom Helium-Flash. Nach dem Helium-Flash nimmt der Sternradius und die Leuchtkraft wieder ab und der Stern bewegt sich im Hertzsprung-Russell-Diagramm nach unten und nach links. Es gibt dann zwei nukleare Energiequellen: Heliumbrennen im Kern und Wasserstoffbrennen in einer Schale um den Kern.

Sobald sich ein Kohlenstoffkern ausgebildet hat, erlöschen im Zentrum die thermonuklearen Reaktionen und wir haben wie bei der Entwicklung von der Hauptreihe weg wieder denselben Effekt, dass sich der Stern ausdehnt. Die Energieproduktionsrate des Heliumbrennens hängt extrem stark von der Temperatur ab, deshalb ist der Stern instabil. Alle paar 1000 Jahre kann es dann zu so genannten thermischen Pulsen, also Explosionen kommen, in denen sich die Leuchtkraft um 20–50 % ändert während einiger Jahre. Während dieser Phasen verstärkt sich auch extrem der Sternenwind, der in etwa 1000 Jahren die äußeren Schichten des Sternes völlig entleert. Damit bleibt also ein heißer Kern zurück. Die sich ausdehnende Hülle wird vom heißen Kern erhitzt und leuchtet als planetarischer Nebel.

Ein Stern mit 1 Sonnenmasse oder weniger erreicht also nicht die Zündtemperatur des Kohlenstoffs, da seine Kernmaterie entartet ist und er nicht stark genug kontrahieren kann, um die notwendige Temperatur (800 Millionen Grad) für das Kohlenstoff-Brennen zu erreichen. In etwa 75 000 Jahren wird er so zu einem Weißen Zwerg, der hauptsächlich aus Kohlenstoff besteht. Weiße Zwerge haben keine Kernfusionsreaktionen mehr im Inneren, sie leuchten einfach dadurch, dass sie langsam auskühlen.

Die Leuchtkraft der Sonne betrug vor 4,5 Milliarden Jahren nur das 0,7fache des heutigen Wertes. In 6,5 Milliarden Jahren wird sie das 2,2fache betragen. Wie man aus der Tabelle sieht, wird sie in 1,1 Mil-

> Sobald die Sonne ein Alter von etwa 10 Milliarden Jahren erreicht hat, entwickelt sie sich zu einem Roten Riesenstern, der sich bis zur Erdbahn ausdehnt, und danach zu einem erdgroßen Weißen Zwerg.

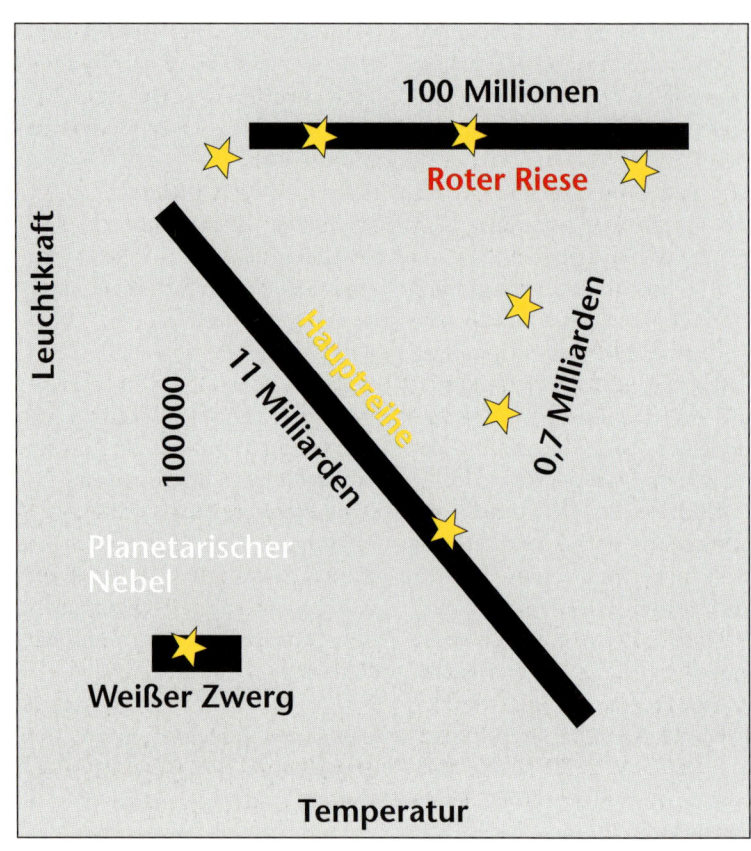

Entwicklung der Sonne von der Hauptreihe nach oben zum Roten Riesen, danach nach unten zum planetarischen Nebel und schließlich zum Weißen Zwerg. Daneben ist die Zeit angegeben, während der die Sonne in den jeweiligen Phasen ist.

| Zeit (in Milliarden Jahren nach Entstehung) | Helligkeit | Radius |
|---|---|---|
| 4,5 (heute) | 1,00 | 1,00 |
| 5,5 | 1,08 | 1,04 |
| 6,6 | 1,19 | 1,08 |
| 7,7 | 1,32 | 1,14 |
| 8,8 | 1,50 | 1,22 |
| 9,8 | 1,76 | 1,36 |

Zukünftige Entwicklung unserer Sonne.

liarden Jahren das 1,1fache des heutigen Wertes betragen. Dies wird zu einem nicht umkehrbaren Treibhauseffekt führen. Bei einer 1,1fachen Sonnenleuchtkraft wird die Erde das gesamte Wasser verlieren.

Zum Zeitpunkt ihrer größten Ausdehnung wird die Sonne das 2000fache ihrer heutigen Leuchtkraft besitzen. Ihre Ausdehnung wird das 166fache des heutigen Wertes betragen, wenn sie sich zum Roten Riesen entwickelt. Dies entspricht 0,77 Astronomische Einheiten (eine Astronomische Einheit, AE, ist die mittlere Entfernung Erde-Sonne, also 150 Millionen km). Damit wird sie den Planeten Merkur verschlucken. Berechnungen zeigen aber, dass sich dann die Bahnen der Planeten nach außen verlagern: Je weiter sich die Sonne ausdehnt, desto weiter dehnen sich die Bahnen aus. Venus befindet sich gegenwärtig bei 0,72 AE und wird sich auf eine Bahn mit 1 AE, also im Bereich der Erdbahn bewegen. Im Bereich des so genannten asymptotischen Riesenastes gibt es thermische Pulsationen der Sonne. Sie wird sich dann bis auf das 200fache ihres heutigen Radius ausdehnen und damit eine Größe von 0,99 AE haben, das heißt, fast so groß sein wie die heutige Erdbahn! Zu diesem Zeitpunkt hat sich die Bahn der Venus auf 1,22 AE verlagert und die Erde auf 1,69 AE. Die Sonne verliert während dieser Phasen bedeutende Mengen ihrer Masse.

Insgesamt verbringt sie 11 Milliarden Jahre auf der Hauptreihe, 0,7 Milliarden Jahre auf ihrem Weg von der Hauptreihe zum Roten-Riesen-Ast, 100 Millionen Jahre auf dem horizontalen Riesen-Ast, 20 Millionen Jahre auf dem frühen asymptotischen Riesen-Ast (engl. AGB, **a**symptotic **g**iant **b**ranch), nur 400 000 Jahre auf dem pulsierenden AGB sowie 100 000 Jahre auf ihrem Weg zum planetarischen Nebelstadium.

Je nach den gewählten Parametern bei den Berechnungen treten verschiedene thermische Pulse auf (das sind Phasen intensiver Kernreaktionen) und dabei können während der letzten 1 Million Jahre, wenn sich die Sonne am asymptotischen Riesen-Ast befindet, sogar Venus und Erde verschluckt werden und sich die Sonne bis zur heutigen Marsbahn ausdehnen. Allerdings wird Mars selbst nicht betroffen sein, da er seine Bahn auf 2,25 AE ausdehnt. Insgesamt verliert die Sonne etwas mehr als die Hälfte ihrer heutigen Masse.

## Rückkehr zum Nebelstadium: planetarische Nebel

Wegen ihres Aussehens, das an die kleinen Planetenscheibchen von Uranus und Neptun im Teleskop erinnert, hat man den Begriff planetarische Nebel geprägt für mehr oder weniger regelmäßige, oft ringförmige Gebilde, die meist auch einen erkennbaren Zentralstern haben. Sehr bekannte Beispiele sind der Ringnebel und der Hantelnebel. Insgesamt dürfte es in unserer

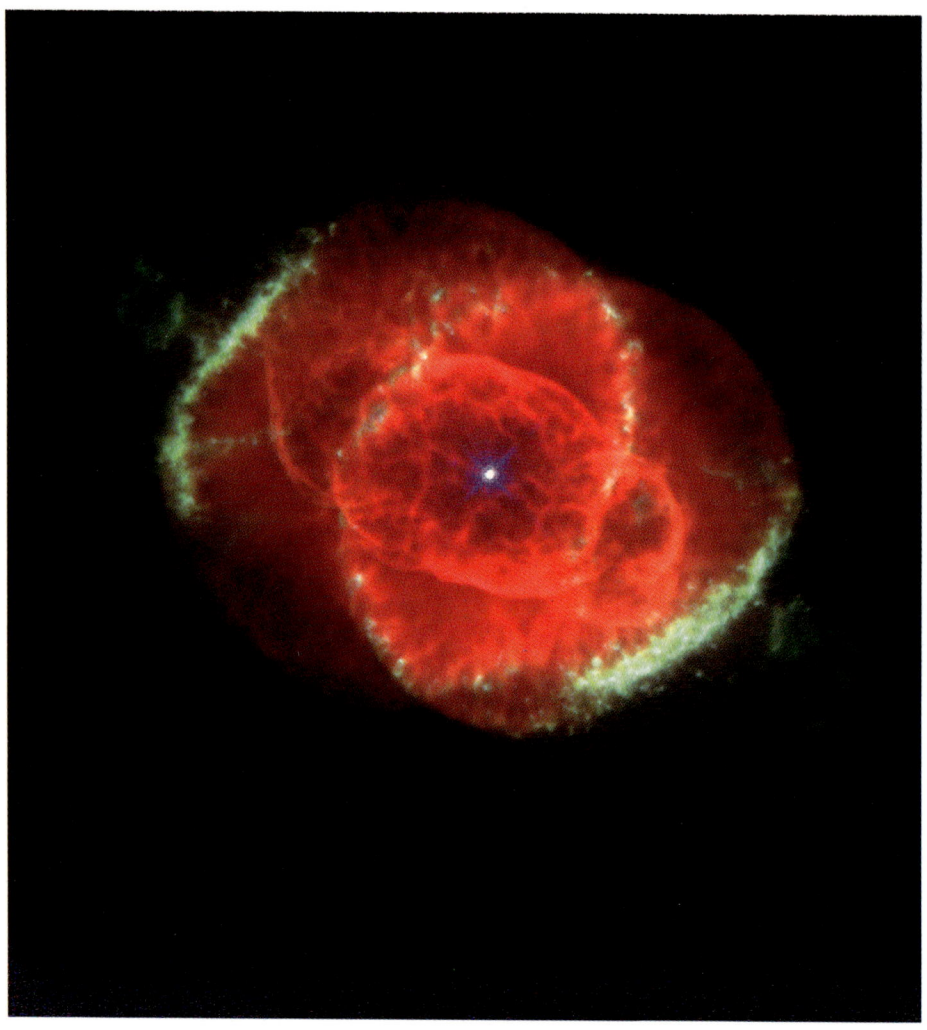

Planetarischer Nebel NGC 6543. Aus der Ausdehnungsrate der Gase kann man auf ein Alter von etwa 1000 Jahren schließen; die Entfernung beträgt 3000 Lichtjahre.

*Planetarische Nebel*

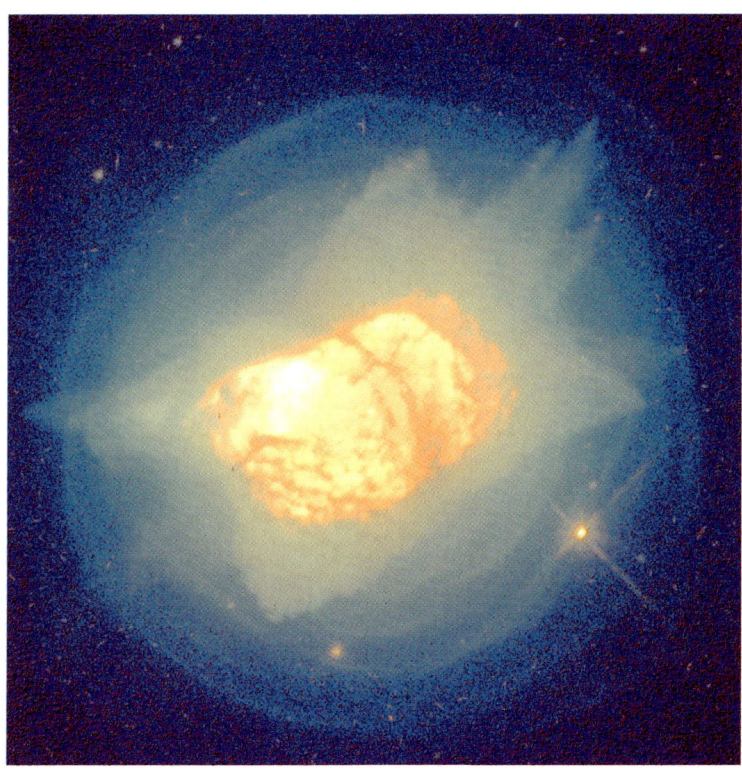

Der 3000 Lichtjahre entfernte planetarische Nebel NGC 7027 (im Sternbild Schwan). Sobald sich unsere Sonne am Ende ihres Sternenlebens zu 50facher Größe ausdehnt und ein Roter Riesenstern wird, werden die äußeren Hüllen abgestoßen und es bildet sich ein planetarischer Nebel ähnlich dem hier gezeigten Beispiel.

Milchstraße etwa 10 000 dieser Objekte geben, bekannt sind etwa 1000. Untersucht man die räumliche Verteilung der planetarischen Nebel in der Galaxis, dann sieht man eine deutliche Konzentration zum galaktischen Zentrum. Im Spektrum erkennt man Emissionslinien. Diese entstehen durch Anregung der Strahlung der Zentralsterne, die kurzwellig im UV ist. Typische Radien planetarischer Nebel sind im Bereich 1 pc (das sind 30 Billionen km), und man misst, dass sie sich ausdehnen mit 20 bis 50 km/s. Damit kann man auf deren Alter schließen, welches einige 10 000 Jahre beträgt. Nach etwa 50 000 Jahren Ausdehnung ist der Nebel so dünn geworden, dass er nicht mehr beobachtbar ist.

Wie wir bei der Entwicklung der Sonne besprochen haben, sind die planetarischen Nebel ein normales Übergangsstadium vom Roten Riesen zum Weißen Zwerg. Sobald ein

Kugelsternhaufen. Diese Objekte unserer Milchstraße enthalten bis zu 50 000 Sterne und zählen zu den ältesten Strukturen des Universums.

Stern die Hauptreihe verlässt, expandiert seine Hülle und durch thermische Pulse werden die äußeren Schichten abgestoßen.

## Sternhaufen und die Entwicklung der Sterne

Sind unsere bisherigen Überlegungen zur Entwicklung der Sonne und der Sterne reine Theorie oder gibt es die Möglichkeit, dies zu überprüfen. In der Tat gibt es eine solche: die Sternhaufen. Wie wir bei der Entstehung der Sonne besprochen hatten, bilden sich Sterne durch mehrfache Fragmentation einer großen interstellaren Gaswolke. Sterne entstehen daher immer in Gruppen, also in Sternhaufen. Man kann davon ausgehen, dass alle Sterne eines Sternhaufens zur mehr oder weniger gleichen Zeit entstanden sind. Aber natürlich bildeten sich Sterne mit großen Masse und solche mit kleinen Massen. Kugelsternhaufen enthalten einige 10 000 Sterne und befinden sich vorwiegend in dem äußeren Bereich der Galaxis. Zeichnen wir

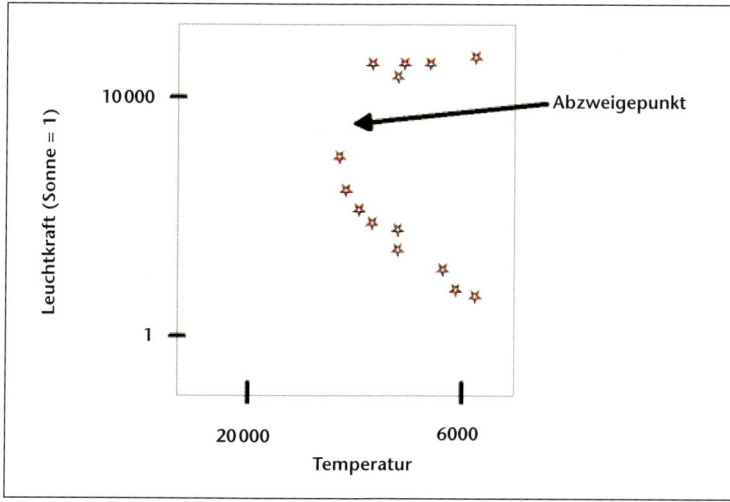

Hertzsprung-Russell-Diagramm eines Kugelsternhaufens. Massereiche Sterne werden nur einige Millionen Jahre alt und sind daher in den sehr alten Kugelhaufen nicht mehr auf der Hauptreihe zu finden (im Hertzsprung-Russell-Diagramm junger Sternenhaufen wären diese links oben vom Abzweigepunkt).

nun ein Hertzsprung-Russell-Diagramm eines Kugelsternhaufens, das heißt man misst von jedem Stern seine Temperatur und seine Leuchtkraft. Dies scheint auf den ersten Blick eine langwierige Aufgabe zu sein. Aber die Physik hilft uns weiter: Als Maß für die Temperatur eines Sternes können wir auch seine Farbe nehmen. Erinnern wir uns daran, dass ein rot glühender Ofen »kühler« ist als ein weiß glühender. Und die Leuchtkraft spielt eigentlich auch keine Rolle: Die Kugelhaufen sind so weit weg, dass man davon ausgehen kann, dass alle Sterne des Kugelhaufens gleich weit von uns entfernt sind. Wir messen daher einfach die scheinbare Helligkeit der Sterne (die sich zusammensetzt aus ihrer wahren Leuchtkraft und ihrer Entfernung) und tragen diese auf.

Das Hertzsprung-Russell-Diagramm der Kugelhaufen zeigt, dass die Hauptreihe nicht ganz nach links oben hin besetzt ist. Dies kann sofort interpretiert werden: Links oben befinden sich sehr helle, massereiche Sterne. Da diese nicht mehr auf der Hauptreihe sind, müssen sie sich schon von ihr weg entwickelt haben, da ja die Lebenszeit auf der Hauptreihe von der Sternmasse abhängt. Man kann daher aus der Lage des Abzweigepunktes von der Hauptreihe das Alter eines Kugelsternhaufens bestimmen. Je weiter die Hauptreihe nach links oben besetzt ist, desto jünger muss der betreffende Stern-

Modell zum Vergleich der Größen von Sonne – Weißem Zwerg – Neutronenstern.

| Sonne: 1 Meter |
| --- |
| Weißer Zwerg: Kirsche (1 cm) |
| Neutronenstern: Staubkorn (kleiner als 0,1 mm) |

Radius: $0{,}01\ R_0$
Schwerebeschleunigung: $10^8\ \text{cm/s}^2$
Masse: $0{,}5\ M_0$
Dichte: $4 \times 10^5\ \text{g}/\text{cm}^3$

haufen sein. Dies findet man in den so genannten offenen Sternhaufen, welche eher lose Ansammlungen von gemeinsam entstandenen Sternen sind, die sich nach einiger Zeit meist auflösen.

## Sternleichen

Wie schon erwähnt, endet unsere Sonne als Weißer Zwerg. Darunter versteht man Sterne, die zwar eine relativ hohe Oberflächentemperatur besitzen und deshalb links im Hertzsprung-Russell-Diagramm stehen, allerdings eine geringe Leuchtkraft und daher (links) unten stehen. Sie haben nur etwa 1/100 der Ausdehnung der normalen Hertzsprung-Russell-Sterne, d.h. sind etwa so groß wie die Erde. Die Massen betragen zwischen 0,1 und 1,44 Sonnenmassen. Die meisten Weißen Zwerge haben Massen zwischen 0,5 und 0,6 Sonnenmassen. Auch unsere Sonne wird sich durch Massenverlust dorthin bewegen. Ihre Zustandsgröße könnten am Ende der Entwicklung wie folgt aussehen, verglichen mit ihrem Zustand heute (Zeitpunkt 0):

Im Inneren betragen die Temperaturen dann etwa 20 Millionen Grad. Durch die hohen Temperaturen und die relativ geringe Ausdehnung (= wenig Abstrahlung) kühlen Weiße Zwerge langsam aus, in etwa 10 Milliarden Jahren. Fällt die Temperatur an der Oberfläche unterhalb 3000 K, dann ist der Weiße Zwerg unbeobachtbar und geht zum Roten Zwerg über.

Wichtig ist die Grenzmasse von 1,44 Sonnenmassen, die man auch als Chandrasekhar-Grenze bezeichnet. Sterne, die massereicher sind, haben so starke Gravitationskräfte, dass das entartete Elektronengas nicht mehr das Gleichgewicht halten kann. Der Stern kollabiert zu noch höheren Dichten und es setzt eine Neutronisation der Materie ein: Die Protonen vereinigen sich mit den Elektronen zu Neutronen. Damit entsteht ein Neutronenstern. Reicht auch der Druck der entarteten Neutronen nicht mehr aus, um das Gleichgewicht zu halten, entwickelt sich ab etwa 4 Sonnenmassen ein Schwarzes Loch. Dieses hat eine so starke Anziehung, dass keine Strahlung das Objekt mehr verlassen kann. Man kann Schwarze Löcher also

*Sternleichen*

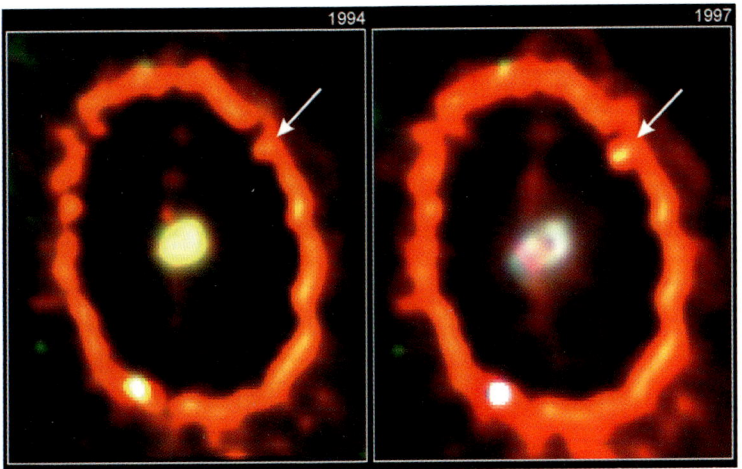

Materiering um eine Supernova die 1987 explodierte. Deutlich erkennt man auf der rechten Aufnahme einen Knoten, der durch eine Schockwelle entstanden sein dürfte.

nur indirekt durch ihre Gravitationswirkung nachweisen.

Der erste Weiße Zwerg wurde 1862 gefunden: Der hellste Stern des Himmels, der Sirius (bei uns schön am Winterhimmel zu sehen) hat einen Begleiter, den man als Sirius B bezeichnet hat. Sirius ist also ein Doppelstern und man kann das dritte Keplergesetz anwenden, um die Massen zu berechnen. Man bekommt daraus eine Masse von Sirius B von etwas mehr als 1 Sonnenmasse. Die Leuchtkraft beträgt 3 Tausendstel der Sonnenleuchtkraft, die Oberflächentemperatur 29 500 Grad. Aus der Beziehung: Leuchtkraft = Oberfläche mal Temperatur hoch vier folgt der Radius von 0,007 Sonnenradien und eine mittlere Dichte von 3 Milliarden kg/m$^3$. Ein Würfel Materie eines Weißen Zwerges von 10 cm Kantenlänge wiegt also 3 Millionen kg!

> *Zusammenfassung: Unsere Sonne hat eine Lebenszeit von insgesamt etwa 10 Milliarden Jahren. In etwa 5 Milliarden Jahren wird in ihrem Inneren der gesamte Wasserstoff zu Helium umgewandelt sein und sie dehnt sich zu einem Riesenstern aus, wobei die inneren Planeten des Sonnensystems teils verschluckt werden, teils auf weiter außen liegende Umlaufbahnen befördert werden. Das endgültige Schicksal der Sonne ist dann ein Weißer Zwerg.*

*Sonnenbeobachtungen*

# Die Sonne beobachten

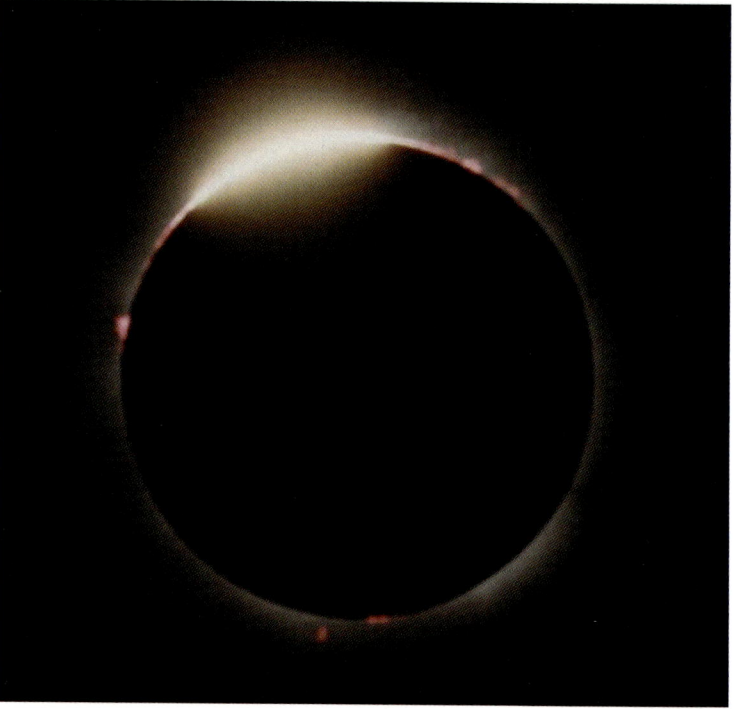

Die Beobachtung einer totalen Sonnenfinsternis ist für jeden ein beeindruckendes Erlebnis. Wenn der Mond die Sonnenscheibe vollständig abdeckt, kann man am Scheibenrand Protuberanzen erkennen. Die Aufnahme stammt von der Finsternis am 11. August 1999.

*Im Prinzip kann man sagen, dass für einfache Sonnenbeobachtungen schon Fernrohre ab 5 cm Öffnung ausreichen. Mit diesen Instrumenten kann man Sonnenflecken, Fackeln sowie die Mitte-Rand-Variation mühelos erkennen.*

## Einfache Beobachtungsgeräte

Es kann aber nicht oft genug betont werden, dass man Sonnenbeobachtungen nur mit äußerster Vorsicht vornehmen soll. Zur Illustration der Gefährlichkeit der intensiven Sonnenstrahlung, die durch ein Teleskop noch wesentlich verstärkt wird, machen wir einen einfachen Versuch. Stellen Sie ein Teleskop auf die Sonne ein. Wichtig: Bitte niemals direkt durch das Teleskop blicken! Gefahrlos kann man die Sonne mit einem Teleskop einstellen, indem man das Teleskop zunächst grob auf die Sonne ausrichtet, ohne dabei durch das Teleskop selbst zu blicken, und dann hinter dem Okular einen weißen Karton in einiger Entfernung hält (mindestens 15 cm). Sobald die Sonne eingestellt ist, sieht man sie dann auf dem Karton. Nun demonstrieren wir, was passieren würde, wenn man direkt mit dem Auge durch das Teleskop blickt, was man auch dann nicht tun sollte, wenn es leicht bewölkt ist oder die Sonne sehr tief am Horizont steht. Halten Sie einfach ein dünnes Blatt Papier (am besten Zeitungspapier) direkt hinter das Okular. Je nach Öffnung des Teleskops wird dieses Papier in kürzester Zeit entflammt. Das menschliche Auge hätte sofort irreparable Schäden. Auch die Beobachtung der Sonne mit freiem Auge verursacht irreparable Schäden!

Welche Instrumente eignen sich zur Sonnenbeobachtung? Am besten Linsenteleskope oder Refraktoren, die aus einem Objektiv und aus einer Okularlinse bestehen. Viele achten beim Kauf eines Teleskops vor allem auf die Vergrößerung und meinen, je höher diese sei, desto besser wäre das Gerät. Dies ist allerdings ein Irrtum. Die Vergrößerung eines Teleskops errechnet sich einfach nach der Formel: Vergrößerung = Objektivbrennweite/Okularbrennweite.

Aus dieser Beziehung sehen wir, dass man die Vergrößerung beliebig hoch machen kann, wenn man nur die Okularbrennweite klein genug wählt. Größere Sonnenflecken kann man ohne weiteres auch schon mit einem Feldstecher beobachten, doch es sei nochmals betont, nie mit freiem Auge! Überhaupt rate ich Lesern, die hin und wieder mal in die Sterne blicken wollen, eher zum Kauf eines guten Feldstechers als zum Kauf eines billigen Teleskops. Mit dem Feldstecher kann man auch Erdbeobachtungen machen und man kann ihn auf jede Reise bequem mitnehmen.

Die einfachste und gefahrloseste Beobachtung der Sonne mit einem

**Wichtig für den Fernrohrkauf:** Die Größe des Objektivs (Spiegel) bestimmt, welche Details noch gesehen werden können bzw. wieviel Licht gesammelt wird.

Teleskop oder Feldstecher ist die der Okularprojektion. Zunächst einmal sollte das Fernrohr oder der Feldstecher auf einem Stativ montiert sein. Zur Not tut's hier auch ein Photostativ. Dann bringt man in mindestens 15 cm Abstand hinter dem Okular einen weißen, etwa 20 × 20 cm großen Karton an. Ist die Sonne eingestellt, erscheint sie auf diesem Karton. Außerdem sieht man, dass man das Sonnenbild beliebig vergrößern kann, indem man den Karton weiter vom Okular entfernt. Allerdings nimmt hier gleichzeitig die Helligkeit des Sonnenbildes ab.

Noch ein Wort zum Teleskop selbst. Je größer das Teleskopobjektiv ist und je besser dieses auf Abbildungsfehler korrigiert ist, desto teurer wird auch der Preis sein. Wozu braucht man eine größere Öffnung? Hier spielt das Auflösungsvermögen eine Rolle. Diese Größe bestimmt, welches kleinste Detail noch erkennbar ist. Rechnen wir dazu ein Beispiel. Mittelgroße Granulationszellen auf der Sonne haben etwa 750 km Ausdehnung. Die Sonne befindet sich in einer Entfernung von 150 000 000 km. Deshalb erscheinen diese Zellen von der Erde aus unter einem Winkel von 1" (Bogensekunde) = 1/3600 Grad. Diese Größe kann man sich auch dadurch veranschaulichen, dass die Scheinwerfer eines Autos, die 1 m voneinander entfernt sind, in einer Entfernung von 200 km unter demselben Winkel erscheinen. Ein Satellit in einer Höhe von 200 km kann mit einem 10-cm-Teleskop den Fahrzeugverkehr auf der Erde kontrollieren. Das Auflösungsvermögen eines Teleskops bestimmt also, welche Details man bei Sonne und Planeten sehen kann. Der Auflösungswinkel wird kleiner, je größer der Durchmesser des Teleskops ist und nimmt mit der Wellenlänge zu.

Daraus ergibt sich: Um Details auf der Sonne, die von der Erde aus gesehen unter dem Winkel von 1" erscheinen, erkennen zu können, benötigt man ein Teleskop von 10 cm Öffnung. Hat man daher ein Teleskop von 5 cm Öffnung, sieht man lediglich Details von 2" Ausdehnung = 2-mal 750 km = 1500 km. Ein Teleskop mit 1 m Öffnung zeigt Details von 0,1" auf der Sonne, das heißt bis zu 75 km große Strukturen.

Soweit die Theorie. Bereits mit kleinsten Teleskopen erkennt man, dass das Sonnenbild nicht ruhig ist, sondern zittert; dies ist vor allem am Rand zu sehen und ein Effekt der Erdatmosphäre. Die von der Sonne ankommenden Lichtwellen werden in der Erdatmosphäre ge-

*Die Erdatmosphäre erzeugt das »Zittern« der Sterne. Moderne Observatorien befinden sich deshalb in großer Höhe, wo ausgezeichnete Beobachtungsbedingungen herrschen.*

brochen, allerdings ändert sich der Brechungsindex in den verschiedenen Schichten der Erdatmosphäre laufend und daher kommt das Zittern. Dies kann man schön am Blinken der Sterne in der Nacht erkennen. All diese Effekte fasst man unter dem Begriff »Seeing« zusammen. Man spricht von einem guten »Seeing« wenn es unter 1" ist. Bei schlechtem Seeing kann man nur sehr große Details erkennen (größer als 2").

Um möglichst gute atmosphärische Bedingungen zu haben, baut man große Observatorien an klimatisch begünstigten Orten. Zunächst wird der Standort getestet durch »Seeing«-Messungen. Dabei ist vor allem das lokale »Seeing« zu berücksichtigen, das durch die Erwärmung des Erdbodens und durch die dadurch aufsteigende Luft, durch Winde, lokale Bewölkung usw. bedingt ist. Ein großes Zentrum europäischer Sonnenforschung befindet sich auf den Kanarischen Inseln, und zwar auf Teneriffa und La Palma. In beiden Fällen sind die Teleskope in mehr als 2000 m Höhe gelegen, und man befindet sich meist oberhalb der lokalen Inversionsschicht. Die Wolkenbildung ist also unterhalb.

Hat es überhaupt einen Sinn Sonnenteleskope zu bauen, die größer als 10 cm sind, wenn die Luftunruhe der Erdatmosphäre unter normalen Bedingungen ebenfalls in der Größenordnung von 1" liegt? Bei der Beobachtung von schwachen Sternen und Galaxien ist der Grund klar: Je größer die Öffnung des Teleskops, desto mehr Licht wird gesammelt und desto schwächere Objekte kann man erkennen. Aber die Sonne ist doch ohnehin hell genug, und man muss versuchen das Sonnenlicht auszublenden. Auf diese Frage gibt es mehrere Antworten. An guten Beobachtungsorten gibt es durchaus Bedingungen, bei denen das »Seeing« unter 1" ist, es kann bis zu 0,2" betragen, das heißt, man kann Teleskope bis 50 cm hinsichtlich ihres Auflösungsvermögens ausnutzen. Ein weiterer Punkt ist aber auch sehr wichtig: Nur in den seltensten Fällen beobachtet man die Sonne im gesamten Licht (Weißlicht). Häufig wird das Son-

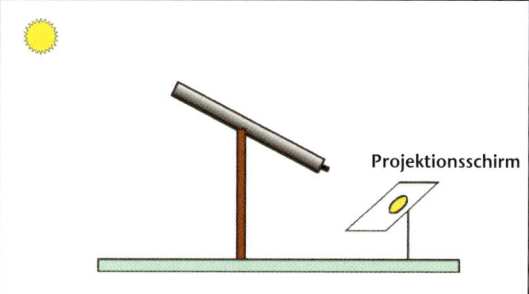

Sichere Methode zur Sonnenbeobachtung mit einem kleinen Linsenfernrohr (Refraktor): Das Sonnenbild wird auf einem hinter dem Okular befindlichen Schirm projiziert. Dies darf man nicht mit Spiegelteleskopen machen, da sonst der Spiegel platzen könnte.

Moderne Sonnenobservatorien befinden sich an klimatisch günstigen Beobachtungsorten, wo die Luftunruhe durch die Erdatmosphäre sehr klein ist.

*Die Sonne beobachten*

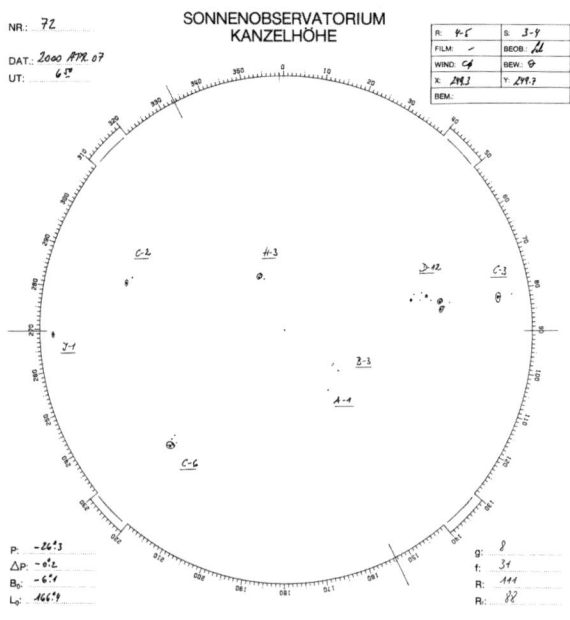

Zeichnung des Sonnenbildes (Sonnenobservatorium Kanzelhöhe, Kärnten, Österreich). Man erkennt g = 8 Fleckengruppen sowie insgesamt 31 Einzelflecken, was eine Relativzahl von 111 ergibt (vgl. Text S. 40).

nenlicht in einen Spektrographen gelenkt, in dem man dann nur einen sehr engen Spektralbereich untersucht. Man beobachtet daher nur einen winzigen Bruchteil des Sonnenlichts und oft ist dies zu schwach! Da das Auflösungsvermögen auch von der Wellenlänge abhängt, verschlechtert sich das Auflösungsvermögen um den Faktor 2 wenn man anstelle bei 500 nm (im sichtbaren Licht) bei 1000 nm (im Infraroten) beobachtet. Mit einem 1-m-Sonnenteleskop kann man Details im Infrarot sehen wie mit einem 50-cm-Teleskop im sichtbaren Licht!

# Eigene Sonnenbeobachtungen

Bevor wir einige spezielle Sonnenteleskope besprechen noch kurz einige Anregungen zu eigenen praktischen Beobachtungen.

Wir benötigen: 1. Stativ, 2. Teleskop oder Feldstecher, 3. Projektionsschirm = Karton mit etwa 20 × 20 cm, 4. Die Sonne. Wie oben beschrieben, justieren wir das Teleskop auf die Sonne und beobachten diese dann auf dem Projektionsschirm (bitte niemals direkt durch das Teleskop oder Feldstecher auf die Sonne mit bloßem Auge blicken, dies wäre im wahrsten Sinne des Wortes ein einmaliges Erlebnis mit irreparablen Augenschäden). Was kann man erkennen?

1. Sonnenflecken: Größere Flecken lassen sich bereits mit einem Feldstecher erkennen. Betrachten Sie die Flecken und beantworten Sie folgende Fragen:
   a  Sind die Flecken einzeln oder in Gruppen?
   b  Wie viele Flecken sieht man insgesamt?
   c  Wie viele Gruppen kann man erkennen?
   d  Man bilde die Fleckenrelativzahl R = 10 g + f; g = Anzahl der Gruppen, f = Gesamtanzahl der Flecken (vgl. auch Kapitel 3).

2. Wo kommen die Flecken vor? Hat man viele Flecken und sind diese nahe beim Sonnenäquator (der allerdings nicht immer über die Mitte der Sonnenscheibe geht wegen der Neigung der Sonnenachse), dann ist man nahe beim Fleckenmaximum. Wenig Flecken in hohen Breiten (die also weit weg vom Äquator sind), deuten auf ein Aktivitätsminimum hin. Zu Beginn eines neuen Zyklus kann es vorkommen, dass noch äquatornahe Flecken des alten Zyklus vorhanden sind und neue Flecken weit weg vom Äquator.
3. Ist die Mitte-Rand-Verdunkelung zu sehen und wenn ja, was bedeutet diese physikalisch?
4. Blicken Sie zum Sonnenrand hin. Sieht man dort helle Gebiete, die so genannten Fackeln?
5. Beurteilen Sie auch das »Seeing«. Wie scharf erscheint der Sonnenrand? Sieht man Schlieren über der Sonnenscheibe, ist der Rand zittrig?
6. Man schätze ab, wie groß die Sonnenflecken sein können. Dabei geht man am besten davon aus, dass die Sonne etwa 100-mal so groß ist wie die Erde.

Man kann auch über einen längeren Zeitraum derartige Beobachtungen machen: Dazu zeichnet man sich auf einem weißen Blatt Papier die gewünschte Sonnengröße als Kreis ein (etwa 10–20 cm groß) und befestigt dieses Blatt Papier auf dem Karton. Bei der Beobachtung verschiebt man den Karton dann so weit, bis das projizierte Sonnenbild genauso groß ist, wie der Kreis auf dem Papier. Dann markiert man die sichtbaren Sonnenflecken. Wiederholt man diese Beobachtungen über mehrere Tage, kann man sehr schön verfolgen, wie die Sonnenflecken über die Sonnenscheibe wandern. Der Grund ist einfach die Rotation der Sonne. Außerdem sieht man, wie sich die Fleckengruppen entwickeln, neue Flecken auftauchen, andere wieder verschwinden.

Neben der Projektionsmethode kann man auch ein anderes Verfahren verwenden. Es gibt im Fachhandel spezielle Filter, die man vor dem Objektiv befestigt (bei Feld-

Die gegenwärtige Sonne im weißen Licht. Man erkennt Sonnenflecken sowie die Mitte-Rand-Variation. Der Sehstrahl dringt in Sonnenmitte in tiefere Schichten ein, die heißer sind, als am Sonnenrand. Deshalb erscheint der Sonnenrand dunkler.

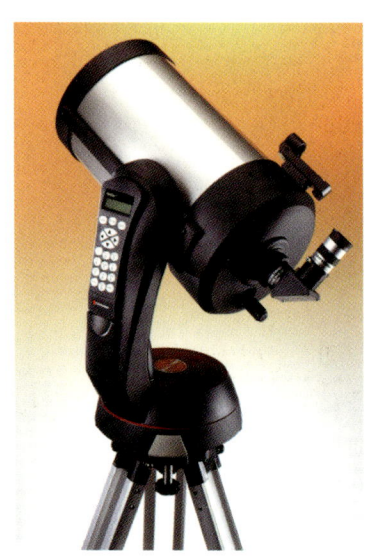

Für Spiegelteleskope gibt es geeignete Filter im Fachhandel, die man vor das Teleskop gibt, um die Sonne gefahrlos beobachten zu können.

stechern kann man auch die Rettungsfolien verwenden, die man aber meist 2fach zusammenlegen muss). Im Zweifelsfalle ist es aber immer besser, sich direkt an den Fachhandel zu wenden. Dann kann man die Sonne direkt durch das Teleskop oder den Feldstecher beobachten.

Dies funktioniert auch mit einer Videokamera. Vor das Kameraobjektiv gibt man die doppelt zusammengelegte Folie (oder ein Filter aus dem Fachhandel) und kann dann die Sonne filmen. Größere Flecken sowie die Randverdunkelung lassen sich dabei ohne weiteres erkennen.

Für alle, die altmodisch fotografieren wollen und dabei das Teleskop als Teleobjektiv verwenden wollen, muss betont werden, dass der Abbildungsmaßstab die ausschlaggebende Größe ist, wie groß das Sonnenbild auf dem Film erscheinen wird. Als Faustregel gilt hier: Die Größe des Sonnenbildes in cm ist gegeben durch die Brennweite des Teleskops im m. Hat man daher ein Teleskop mit einer Brennweite von 1 m, dann hat man ein Sonnenbild von 1 cm Größe. Mit einem 50 mm Normalobjektiv hat man ein Sonnenbild von nur 0,5 mm, was nicht sehr groß ist. Normale Teleobjektive reichen ebenfalls nicht aus. Auch für die Beobachtung der Sonne mit einer Kamera gilt wieder: Filter vor das Teleskopobjektiv, denn an Stelle des Okulars wird die Kamera mit einem speziell über den Fachhandel zu beziehenden Adapter mit dem Teleskop verbunden.

Noch ein abschließender Hinweis: Zur Zeit des Fleckenmaximums (um Mitte 2000) kann man die Sonne mit einer Finsternisbrille oder doppelten Schweißgläsern (allerdings nur kurz beobachten, da hier die Infrarotstrahlung nicht abgeschirmt wird) auch mit freiem Auge beobachten und mit etwas Glück sehr große Fleckengruppen erkennen. Damit eine Fleckengruppe mit freiem Auge zu sehen ist, muss sie eine Ausdehnung von etwa 40 000 km haben.

## Spezielle Instrumente zur Sonnenbeobachtung

In Sonnenobservatorien beobachtet man die Sonne nicht nur im Gesamtlicht, sondern meist in speziellen Wellenlängen oder mit einem Spektrographen. Untersucht man die Sonne in verschiedenen Wellenlängen, dann kann man unterschiedliche Höhen in der Photosphäre beobachten. Darüber hinaus gibt es spezielle Filter wie z.B. das G-Band, mit denen man sehr gut Flecken und Aktivitätsgebiete sehen kann. In den Flecken ist die Temperatur um 1000–1500 Grad geringer als in der umgebenden Photosphäre. Es entstehen auch Linien von Molekülen und das G-Band-Filter filtert speziell diese Linien heraus. Beobachtungen der Sonne im H-Alpha-Licht zeigen die Chromosphäre bzw. am Rand auch die Protuberanzen. Derartige Filter sind relativ preiswert auch von einem Amateur zu erstehen und machen die Sonnenbeobachtung zu einem tollen Erlebnis.

Mit einem Spektrographen kann man Spektrallinien der Sonne sehen. Auch hier gibt es für Schulen geeignete Geräte, die sehr preiswert sind. Das von blau nach rot gehende sichtbare Sonnenspektrum zeigt sehr viele dunkle Absorptionslinien. Sehr schön kann man bereits mit einfachen Geräten die dicke H-Alpha-Linie im Roten sehen, im gelben Bereich die Na-Doppellinie sowie im blau-violetten Bereich die Ca-Linie.

Professionelle Spektrographen verwenden meist ein Glasgitter. Das Medium, das hier das Licht zerlegt, ist also eine ebene Spiegeloberfläche, in die parallele Furchen eingeritzt sind. Dies bewirkt, dass infolge der wellenlängenabhängigen Beugung das reflektierte Licht unter verschiedenen Winkeln austritt. Der Abstand der Furchen zueinander, der genau konstant sein muss, bestimmt die Dispersion des Gitters. Man hat zwischen 300 und 1200 Furchen pro mm und die Gitter haben eine Dimension von 20 bis 40 cm.

Schmalbandfilter sind für die Beobachtung der Sonne in einer ganz bestimmten Wellenlänge von Bedeutung. Mittels eines Koronographen kann man künstliche Sonnenfinsternisse erzeugen: In der Brennebene des Teleskopobjektivs befindet sich eine Kegelblende, die genau so groß ist, wie das abgebildete Sonnenscheibchen. Sie deckt also die Sonne ab und erlaubt die Beobachtung der Korona. Allerdings hängen derartige Instrumente stark vom Streulicht in der

> Durch ein Gitter wird in einem Spektrographen das Licht der Sterne zerlegt und aus den Spektrallinien kann man Temperaturen und Geschwindigkeiten sowie die Zusammensetzung der strahlenden Materie ableiten.

*Die Sonne beobachten*

Das Vakuum-Turm-Teleskop in Teneriffa, das vom Kiepenheuer-Institut Göttingen, der Universitätssternwarte Göttingen sowie dem Instituto de Astrofisica de Canarais betrieben wird.

mit Potsdam und Göttingen sowie dem spanischen Instituto de Astrofisica de Canarias betrieben wird, hat eine Öffnung von 70 cm. Das Teleskop selbst ist in einem hohen Turm ortsfest montiert, die Sonne wird über ein Spiegelsystem in das Teleskop gespiegelt (Coelostat). Durch die Sonneneinstrahlung würde sich das Teleskop erwärmen und das Bild verwaschen. Deshalb ist das Teleskop evakuiert, und daher der Name Vakuum-Turm-Teleskop. Die Brennweite beträgt 47 m, deshalb der hohe Turm. Ein ähnliches Instrument befindet sich am Sacramento-Peak-Observatorium in New Mexiko, USA. Das derzeit größte Sonnenteleskop ist das Kitt-Peak-McMath-Teleskop am Kitt Peak National Obervatory in Arizona, USA. Es hat einen Durchmesser von 152 cm und eine Brennweite von 82 m.

Erdatmosphäre ab und werden nur an sehr hohen Observatorien eingesetzt.

## Moderne Sonnenteleskope

Wir betrachten exemplarisch einige Beispiele. Das Vakuum-Turm-Teleskop in Teneriffa, das vom deutschen Kiepenheuer-Institut für Sonnenphysik in Zusammenarbeit

## Satelliten überwachen die Sonne

Wir haben bereits mehrmals den Sonnensatelliten SOHO erwähnt, der in einer Entfernung von 1,5 Millionen km die Sonne laufend überwacht. Um Mitte 2000, rechtzeitig zum Maximum der Sonnenaktivität, werden 2 weitere Satelliten gestartet: CLUSTER und

*Satellitenüberwachung*

Der HESSI-Satellit, dessen Start wegen technischer Probleme auf Ende 2000 verschoben wurde, soll vor allem die hochenergetische extrem kurzwellige Strahlung der Sonne bei Flareausbrüchen messen.

HESSI. CLUSTER besteht in Wirklichkeit aus 4 Satelliten und soll es ermöglichen, die genaue Struktur der Magnetosphäre der Erde zu untersuchen. Insbesondere will man dabei auch die Wechselwirkung mit dem Sonnenwind an der Schockfront analysieren und studieren, wie sich derartige Störungen durch den Sonnenwind ausbreiten. Die Mission heißt genaugenommen CLUSTER II, da die Satelliten von CLUSTER I bei der Explosion der Trägerrakete Ariane 5 1996 verlorengingen.

Mit Hilfe von HESSI (**h**igh **e**nergy **s**olar **s**pectroscopic **i**mager) wird die Sonne im kurzwelligen Röntgenlicht untersucht bzw. bei noch kleineren Wellenlängen. Diese Strahlung wird verstärkt ausgestrahlt bei Flare-Ausbrüchen und man erhofft sich bessere Hinweise auf diese.

Die CLUSTER-Mission besteht aus 4 kleinen Satelliten und soll ein räumliches Bild der Magnetosphäre der Erde vermitteln.

# Literatur

**Allgemeine Astronomie**

Hanslmeier, Arnold. Astronomie: ÖBV & HPT, 2000, ISBN 3-209-02681-5

Heuseler, Holger, Ralf Jaumann und Gerhard Neukum: Zwischen Sonne und Pluto. Die Zukunft der Planetenforschung – Aufbruch ins dritte Jahrtausend. BLV Verlagsgesellschaft, 1999, ISBN 3-405-15726-9

Roth, Günter D.: Sterne und Planeten erkennen und beobachten. BLV Verlagsgesellschaft, 2000, ISBN 3-405-16037-5

Schülerduden. Die Astronomie, Ein Sachlexikon für den Unterrricht. BI und FA Brockhaus AG, 1989, ISBN 3-411-02220-5

**Sonne**

Mattig, Wolfgang: Die Sonne. Beck'sche Verlagsbuchhandlung C. H. Beck, 1995, ISBN 3-406-39001-3

Kippenhahn, Rudolf: Der Stern von dem wir leben. Dtv Sachbuch, 1990, ISBN 3-421-02755-2

Kippenhahn, Rudolf: 100 Milliarden Sonnen. Serie Piper, ISBN 3-492-10343-X

**www Adressen**

Homepage des Instituts für Astronomie der Universität Graz (viele Links zu Astronomie Online):
http://www35.kfunigraz.ac.at/astwww/mst/fav_astro.html

Sonnenobservatorium Kanzelhöhe:
http://www.solobskh.ac.at/

Kiepenheuer-Institut für Sonnenphysik, Freiburg:
http://www.kis.uni-freiburg.de/kiswwwe.html

Universitätssternwarte Göttingen:
http://www.uni-sw.gwdg.de/

Aktuelle Sonnenbeobachtungen mit dem Sonnensatelliten SOHO:
http://sohowww.nascom.nasa.gov/

Space Weather:
http://nastol.astro.lu.se/~henrik/

Mitternachtssonne am Tanafjord/ Norwegen.

# Stichwortverzeichnis

Absorptionslinien 41
AE 26
AGB (asymptotic giant branch) 107
Aktivitätszyklus 51
Änderungen der Erdbahn 70
Andromedanebel 6, 14
Ansteigen des Meeresspiegels 74
Ap-Index 82
Aristarch 25
Astronomische Einheit 26
AU 26
Auflösungsvermögen 117f.

Bewölkung 77
Brahe, Tycho 24

Celsiusskala 31
Cepheiden-Veränderliche 10
Chandrasekhar-Grenze 112
Chaotisches Verhalten 57
Chlorophyll 62
Christensen 77
Chromosphäre 47
CLUSTER 123
CME (Coronal Mass Ejection) 56
COBE (Cosmic Background Explorer) 12
CREAM (cosmic radiation effects and activation monitor) 87

Deklination 80
Demokrit 8
Dichte der Sonne 28
Diffrenzielle Rotation 51, 55
Douglass 60
Drittes Keplergesetz 25

Eddy 60
Entfernung der Sonne 23
Entfernung der Sterne 9
Entstehung der Sonne 15
Erdatmosphäre 65
Erdmagnetfeld 79ff.
Exosphäre 68
Extrasolare Planeten 19f.

Fabricius 39
Fackelgebiete 46
Fackeln 46
Farbe eines Sternes 30
Feldlinien 54
Fernrohr 115ff.
Filament 52
Fourieranalyse 97
Fraunhoferlinien 41
Funkverkehr 82
Fusion 34

Galaxienhaufen 18
Galaxis 7
Galileo Galilei 8, 39
Gasnebel 15
Gehalt an $CO_2$ 73
GIC (geomagnetically induced currents) 94
Gleissberg-Zyklus 64
GOES-8 89
GPS-Satelliten 89
Granulation 44ff.
Größe der Sonne 28

Hale-Zyklus 55
Halo 14
Handy-Verkehr 83
Hauptreihe 32, 103
Helioseismologie 37
Heliosphäre 61
Helium 34
Helium-Flash 105
Helligkeitswechsel 10
Hertzsprung-Russell-Diagramm 32, 103ff.

HESSI 123
Hubble-Space-Teleskop 89
Hurrikan 68

International Space Station 90f.
Interstellare Materie 15

Jahresringe 60
Jeans Kriterium 16
Jupiter 7

Kelvinskala 31
Kepler, Johannes 24
Kernfusion 34ff.
Kiepenheuer-Institut 122
K-Index 82
Kleine Eiszeit 60
Klimaänderungen 69ff.
Klimakatastrophe 71
Kohlendioxid 72, 73
Kohlenstoffisotop $^{14}C$ 62
Konvektion 35, 44
Korona 47, 49, 52, 75
Koronale Massenauswürfe 53, 56
Korrektionszone 35
Kosmische Strahlung 61
Kp-Index 82
Kugelsternhaufen 110f.

Labitzke 76
Lassen 77
Leuchtkraft eines Sternes 30
Lokale Gruppe 18
Longitudinaler Zeeman-Effekt 42
Loop 51

Magnetfeld der Erde 61, 79
Magnetfeld 54ff.

125

# Stichwortverzeichnis

Magnetogramm 43
Magnetosphäre 81
Masse der Sonne 27
Maunder 59
Maunder-Minimum 59
MBU (multiple bit upset) 86
Mensch im Weltraum 91
Milankovitsch, Milutin 70
Milchstraße 7ff.
Mir 87
Mitte-Rand-Variation 119
Mögel-Dellinger-Effekt 84

Neutron 34
Neutronenstern 112
Newton 27
Newtonsches Gravitationsgesetz 28
Nordlicht 65, 78

Orionnebel 15
Ozonschicht 67
Paläomagnetische Eigenschaften 80
Parallaxe 9, 25
Parsec 13
Penumbra 41
Photosphäre 40
Photosynthese 62
Pipeline 96
Planetarischer Nebel 107ff.
Planetensysteme 18
Plasmaschwingungen 52
Plattentektonik 69
Polareisbohrungen 64
Polarkappenabsorption (PCA) 84
Polarlicht 65, 68
Precursor-Methoden 97
Projektionsmethode 116f.
Proton 34
Protoplanetare Scheibe 19
Protuberanzen 49ff.

Quebec 95

Radiostrahlung der Sonne 85
Radiowellen 52
Randverdunkelung 46
Relativzahl 40
Röntgensatellit YOHKOH 53
Rotation der Sonne 39
Roter Riesenstern 105ff.
Roter-Riesen-Ast 107

Sacramento-Peak-Observatorium 122
Satelliten-Lebensdauer 88
Scheiner 39
Schwarzes Loch 113
Schwingungsmodus 36
Seeing 117
SETI 20
SEU (single event upset) 86
SID (sudden ionospheric disturbance) 83
SODA (solar dynamo amplitude) 98
SOHO 74
Solarkonstante 31
Sonnenaktivität 75
Sonnenbeobachtungen 114ff.
Sonnenchromosphäre 47
Sonnendynamo 56
Sonnenfackeln 46
Sonnenfinsternis 50, 52, 114
Sonnenflare 52, 56, 83
Sonnenflecken 39ff.
Sonnenfleckenrelativzahl 40
Sonneninneres 36
Sonnenkern 35
Sonnenleuchtkraft 31
Sonnenneutrinos 37
Sonnensystem 7ff.
Sonnenwind 81
Space Weather 85
Spektralfarben 41
Spektralzerlegung 30
Spektrograph 121
Spektroskop 41
Spiralnebel 14

Stefan-Boltzmann-Gesetz 30
Sternentstehung 16ff.
Sternhaufen 110
Strahlenbelastung 92f.
Strahlungsgürtel 81
Strahlungszone 35
Stratosphäre 67
Supernova 63, 113

Teleskop 115ff.
Temperatur der Sonne 29ff.
Temperaturzunahme auf der Erde 73ff.
Transversaler Zeeman-Effekt 42
Treibgas 72
Treibhauseffekt 71ff.
Troposhäre 66

Übergangsschicht 47
Umbra 41
Umpolung 80
Umspannwerk 95
Universum 12
UV-Strahlung (EUV) 83

Vakuum-Turm-Teleskop 122
Van-Allan-Gürtel 81
Verschmelzung 34
Vorwarnzeit 94

Wachstumsringe 60
Wasserdampf 72
Wasserstoff 34
Wasserstofflinie H Alpha 47
Weißer Zwerg 105ff.
Weltraumstation ISS 90, 91

YOHKOH 53

Zeeman 41
Zeeman-Effekt 42

*Bildnachweis*

## Bildnachweis

Celestron: 120
COBE: 12
Jan Curtis, Fairbanks: 65, 182
Arnold Hanslmeier: 6, 24, 25, 26, 27, 29, 30, 32, 34, 35, 43, 47, 55, 59, 62o, 67, 70, 72, 73, 76, 79, 80, 88, 104, 106, 110, 111, 117, 122
A. Hanselmeier gemeinsam mit J. Bonet, M. Sobotka und M. Vazquez, La Palma, schwed. Sonnenteleskop: 45
HAST: 8, 11, 15, 16, 17, 18, 19, 102, 108, 109, 113
Geoffrey Macy, San Francisco Univ.: 21
High Altitude Observatory: 51
KPNO Observatory: 42, 46
NASA: 68, 78, 87, 90, 91, 123o, 123u
M. Pforr: 83
E. Pott: 1, 58, 60, 62u, 93, 96, 124
San Francisco Univ.: 20o, 20u
Schiffer/agrar-press: 95
Schwedisches Sonnenteleskop in La Palma: 40
M. Shea, Phillips Lab.: 84, 100
SOHO: 2, 22, 38, 49, 53o, 74, 75, 81
SOHO-GONG: 36
Sonnenobservatorium Kanzelhöhe, Inst. F. Geophysik, Astrophysik und Meteorologie, Graz: 48, 54, 118, 119
Ing. Sussmann: 56
TRACE: 50, 98
Michael Uyka: 114
Werbung für GPS: 89
Hubertus Wöhl: 122
YOHKOH: 53u

Zur Fotoserie S. 2:
Unsere Sonne ist ein aktiver Stern, der riesige Gasmassen in Richtung Erde schleudert. Die Aktivität der Sonne ist nicht immer gleich hoch. Die Bildserie entstand während eines Ausbruchs im August 1999. Die Aufnahmen wurden farbverfälscht.

Die deutsche Bibliothek –
CIP-Einheitsaufnahme
Ein Titelsatz für diese Publikation
ist bei Der Deutschen Bibiliothek
erhältlich

**BLV Verlagsgesellschaft mbH
München Wien Zürich**
80797 München

Das Werk einschließlich aller seiner Teile ist urheberrechtlich geschützt. Jede Verwertung außerhalb der engen Grenzen des Urheberrechtsgesetzes ist ohne Zustimmung des Verlages unzulässig und strafbar. Das gilt insbesondere für Vervielfältigungen, Übersetzungen, Mikroverfilmungen und die Einspeicherung und Verarbeitung in elektronischen Systemen.

© 2000 BLV Verlagsgesellschaft mbH, München

Umschlaggestaltung: Studio Schübel, München
Layoutkonzept: Parzhuber & Partner, München
Satz und Reproduktion: Design-Typo-Print GmbH, Ismaning
Lektorat: Dr. Friedrich Kögel
Herstellung: Hermann Maxant
Druck: aprinta, Wemding
Bindung: Großbuchbinderei Mohnheim

Printed in Germany ·
ISBN 3-405-15892-3

# Von Weltraum, Sternen, Wetterzeichen

Holger Heuseler / Ralf Jaumann /
Gerhard Neukum
**Zwischen Sonne und Pluto**
Die Zukunft der Raumfahrt:
alle Missionen – Geschichte,
Planung, aktueller Stand, Ergebnisse; extraterrestrische Einflüsse
auf die Erde; Visionen für ein
neues Jahrtausend mit Informationen zu künftigen Missionen,
bemannten Raumstationen,
Tourismus ins All usw.

Ian Ridpath
**Der große BLV Himmelsführer**
Überall auf der Welt das ganze
Jahr zu nutzen – der reich illustrierte, faktenreiche Himmelsführer für Einsteiger und fortgeschrittene Hobby-Astronomen:
alle 88 Sternbilder des Nord-
und Südhimmels, interessante
Himmelsobjekte und das
Sonnensystem mit den Planeten.

Carole Stott
**Erlebnis Sternenhimmel**
Himmelskörper des Sonnensystems beobachten: Sonne,
Mond, Planeten, Kometen,
aber auch das Nordlicht oder
Sonnen- und Mondfinsternisse; Beobachtung von Sternen
und Sternbildern, Galaxien,
Gasnebeln und mehr; astronomische Geräte und Entscheidungshilfen zur Anschaffung.

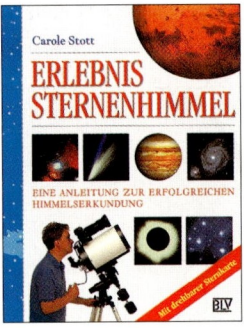

Walter Sönning / Claus G. Keidel
**Wolkenbilder, Wettervorhersage**
Wetterelemente und -geschehen;
Wolkenbilder und Wettererscheinungen; Interpretation von Wetterkarten, Satellitenfotos und
Wetterzeichen; Tipps für Wanderer, Segler und Flieger.

Günter D. Roth
**Sterne und Planeten
erkennen und beobachten**
Die kosmische Landschaft entdecken: der gesamte mit freiem
Auge sichtbare nördliche und
südliche Sternenhimmel mit
Sternbildern, historischen und
astronomischen Details, Einzelobjekten für Feldstecher und
Fernrohr sowie Beobachtungshinweisen; das aktuelle Bild der
Planeten und fernen Galaxien.

Dieter Walch
**So funktioniert das Wetter**
Wie das Wetter entsteht und
wie man es vorhersagen kann,
Wetterphänomene wie Tornados und Wirbelstürme, Einfluss
von Klimaschwankungen auf
das globale Wettergeschehen
usw.

---

*Im BLV Verlag finden Sie
Bücher zu den Themen:*  Garten und Zimmerpflanzen • Natur • Heimtiere • Jagd und Angeln • Pferde und Reiten • Sport und Fitness • Wandern und Alpinismus • Essen und Trinken

*Ausführliche Informationen erhalten Sie bei:*

**BLV Verlagsgesellschaft mbH • Postfach 40 03 20 • 80703 München
Tel. 089 / 1 27 05-0 • Fax 089 / 1 27 05-543 • http://www.blv.de**